创新思维与方法

——基于TRIZ的理论与实践

主编　刘江南　谌霖霖

湖南大学出版社

内 容 简 介

本书从创新创业教育的需要出发,系统介绍 TRIZ 的基本概念和基础理论、分析和解决发明问题的基本方法及常用工具,结合大量精选的实际案例,重点阐述经典 TRIZ 和现代 TRIZ 的精髓内容。全书共分 9 章,内容包括:绪论、创新思维方法、技术系统进化趋势、功能分析与裁剪法、因果分析、发明措施、技术矛盾及其解决方法、物理矛盾及其解决方法、物-场模型及其标准解。本书可作为高校大学生和研究生的创新课程教材,亦可作为科技工作者、企业界工程师的创新创业培训教材和自学参考资料。

图书在版编目(CIP)数据

创新思维与方法:基于 TRIZ 的理论与实践/刘江南,谌霖霖主编.

—长沙:湖南大学出版社,2019.4

ISBN 978-7-5667-1744-3

Ⅰ. 创⋯ Ⅱ. ①刘⋯ ②谌⋯ Ⅲ. 创造性思维—高等学校—教材 Ⅳ. ①B804.4

中国版本图书馆 CIP 数据核字(2019)第 033306 号

创新思维与方法——基于 TRIZ 的理论与实践
CHUANGXIN SIWEI YU FANGFA——JIYU TRIZ DE LILUN YU SHIJIAN

主　　编:刘江南　谌霖霖
责任编辑:卢　宇　张佳佳
印　　装:湖南雅嘉彩色印刷有限公司
开　　本:787×1092　16 开　印张:15.5　字数:276 千
版　　次:2019 年 4 月第 1 版　印次:2019 年 4 月第 1 次印刷
书　　号:ISBN 978-7-5667-1744-3
定　　价:48.00 元

出 版 人:雷　鸣
出版发行:湖南大学出版社
社　　址:湖南・长沙・岳麓山　　邮　　编:410082
电　　话:0731-88822559(发行部),88821315(编辑室),88821006(出版部)
传　　真:0731-88649312(发行部),88822264(总编室)
网　　址:http://www.hnupress.com
电子邮箱:pressluy@hnu.edu.cn

序　言

创新，是社会发展永恒的主题，是推动人类进步的不竭动力。创新思维和创新方法是实现创新的重要基础和关键。

TRIZ已在全世界范围内得到广泛应用。通用电气、英特尔、西门子、三星电子、宝洁、飞利浦等世界领先的公司都展开了长期的TRIZ应用研究，将其创新方法和工具导入技术生产和产品开发过程，大大提升了工程师的工作效率和科技成果转化率，提升了企业的核心竞争力。TRIZ不仅能帮助解决工程实际难题，甚至已成为企业技术文化的一部分。

近十年，TRIZ在我国获得广泛的关注和重视，从"科技创新，方法先行"到"大众创业、万众创新"，TRIZ成为大力推广的创新方法之一，为国家所倡导的创新政策提供了具体的帮助。

本书的作者长期从事TRIZ等创新方法的研究，以国际TRIZ协会MATRIZ三级专家的视角和高度，汇集多年的TRIZ教研实践、企业服务和科研课题成果，提炼TRIZ的认识论、方法学、工具集等精华内容进行再创作。书中介绍的创新思维方法、技术系统进化趋势等基础知识，功能分析、因果链分析、矛盾理论、物场模型及标准解等方法和工具集，都是培养创新素质和提高创新水平的重要基础理论和方法。本书采用了大量的插图和示例，深入浅出，使得读者能轻松地了解、学习和掌握TRIZ的精髓，并能尝试运用一些创新的方法和工具解决实际问题。

为了满足双创教育的需要，本书从创新思维与创新方法教育出发，面向广大高校师生、科技工作者、企业界工程师和管理者等有一定专业背景的读者，系统阐述适合科学研究和技术领域的高效创新方法，使读者提升创新水平和提高创新效率。

本书内容的系统性、实用性强，能引导读者克服思维惯性，帮助读者改善创新方法，掌握创新工具，对提升自主发明创新能力、推进创新型国家建设，具有重要的价值和深远的意义。

　　基于此，本书有望成为广大高校师生、科技工作者、企业界工程师创新创业的方法指南。

前　言

在创新驱动发展的新时期背景下,社会的变化与发展日新月异。企业转型升级,大众创业、万众创新,各行各业都在开展形形色色的创新活动。从学生到社会各界人士,在投身到创新洪流的过程中,都迫切需要创造学和方法论的指导。正如TRIZ 创始人根里奇·阿奇舒勒(Genrich Altshuller)所说:你可以等待 100 年获得顿悟,你也可以按照创新方法在 15 分钟内解决问题。然而,创新方法的传授和创新能力的培养恰恰又是我国学校教育的短板。

苏联专家经过分析全球大量的发明专利凝练而成的经典 TRIZ,是一套包括哲学层、方法论层和工具层完整体系的发明问题解决理论。该理论揭示了技术系统的进化法则,让人们认识到技术或产品所处的发展阶段和未来进化趋势;在解决问题之初,确立问题的最终理想结果;利用矛盾论、物-场模型、科学效应等理论工具和通用的解题流程,解决通常看似不可能解决的发明问题。

二十多年来,对 TRIZ 的研究和应用在世界各地呈现百花齐放的拓展态势。对经典 TRIZ 的核心——技术系统进化趋势的研究,使该理论得到了极大发展;同时,以分析问题方法和工具,拓宽了 TRIZ 的领域;此外,在许多世界 500 强企业和大量中小型企业的推广应用中,TRIZ 帮助企业解决了诸多“老、大、难”的技术问题,并快速形成专利,创造了明显的经济效益。

2015 年 7 月 1 日开始实施的中国国家标准 GB/T 31769—2015《创新方法应用能力等级规范》,明确规定了 TRIZ 的掌握程度与创新方法应用能力等级的对应关系。

作者基于对 TRIZ 的研究和应用经验,提炼出适合具有一定专业背景的读者学习经典 TRIZ 和现代 TRIZ 的相关内容,按照创新思维创新方法基础知识—分析问题方法—解决问题方法和工具的思路,从 TRIZ 的体系框架入手,系统阐述其基本概念、创新思维和技术进化趋势等基础理论;着重介绍实用的功能分析、因果分析等问题分析方法;详细叙述经典的技术矛盾、物理矛盾、物-场模型等发明问题理论模型,以及求解这些模型的各种工具的主要思想及其应用方法,如 40 个发明措施、矛盾分离原理、76 个标准解等,构成了完整的 TRIZ 知识体系。

编者从日常生活、教学实践、科研活动、社会服务等过程中精选了相关实例,穿插在全书的内容之中,以期诠释 TRIZ 方法的精妙之处。理论联系实际,有助于读者加深对 TRIZ 创新思维和创新方法的概念、理论和相关知识的认识和理解,熟悉创新方法的实际应用,快速地掌握 TRIZ 并解决实际问题。

本书在内容体系上追求系统性、科学性和实用性;在内容表达上力求通俗易懂、图文并茂、言简意赅;在结构编排上充分考虑教学的需要,各章精心设计了"TRIZ & Me"系列实验与讨论环节,实操性强。

全书共分 9 章,由来自湖南大学、华南理工大学、郑州大学的老师共同编写而成。各章的主要编写者如下:第 1 章、第 3 章以及每个章节的实验与讨论——刘江南;第 2 章——陈涛;第 4 章——伍素珍;第 5 章——谢桂芝;第 6 章——王立新、闫耀辰;第 7 章——李淼;第 8 章——金秋谈;第 9 章——谌霖霖。在此,一并对各位的热情付出和友情合作表示深深的敬意!

由于笔者的水平和时间有限,书中难免出现偏差和错误,欢迎广大读者批评指正。谢谢!

编　者

2019 年 1 月

目　次

01

第 1 章

绪 论

1.1 TRIZ 发展历程

TRIZ 是一个特殊缩略语，来源于俄文 Теория Решения Изобрета-тельских Задач，但它既不是俄文单词的缩写，也不是英文单词的缩写，而是遵从 ISO/R9—1968E 规定转换成拉丁文注音的缩写。TRIZ 的英文同义语为"Theory of Inventive Problem Solving"（TIPS），中文译为"发明问题解决理论"，也有的取其谐音译为"萃智""萃思"等词汇。

TRIZ 是由苏联的专利分析专家根里奇·阿奇舒勒（Genrich Altshuller）带领其团队在分析了世界各国大量专利的基础上所创立的。1940 年，14 岁的阿奇舒勒就有了他的第一项专利——水下呼吸器。在 20 岁时，由于具有出色的发明才能，他成为苏联里海舰队专利部的一名专利审查员。在工作中，阿奇舒勒逐渐发现专利中的发明是有一定规律的，如果人们掌握了这些规律，就能更快做出更多、更高级别的发明。因此，他便带领团队，对专利中蕴藏的客观规律进行了为期半个多世纪的探索和研究。

从 1946 年开始，经过约 1500 人的努力，对全球 20 多万份专利进行分析，从中选出了约 5 万份被认为是有真正突破的专利进行深入研究。阿奇舒勒与他的同事们发现，人们在解决大量的发明问题过程中，所面临的基本问题都是类似的，其所需要解决的都是本质上相同的矛盾。同样的技术发明措施和相应的解决方案，也会在一次次发明中被反复应用，只是被使用的场合不同而已。他们对这些专利中隐含的规律和知识进行挖掘、提炼和升华，逐步建立起一套系统化的、实用的解决发明问题的理论和方法体系，即 TRIZ。

图 1.1 所示的甘特图显示了 TRIZ 的主要发展历程。

从 20 世纪 40 年代至今的半个多世纪里，传统 TRIZ 从创立、发展演变到成熟。从开始研究到阿奇舒勒第一篇 TRIZ 论文发表的 10 年，是 TRIZ 的诞生期。随后的 30 多年是 TRIZ 的发展期，1985 年发明问题解决算法新版本的发布，标志着 TRIZ 体系的完善。此后直到 20 世纪末阿奇舒勒去世的这段时间，是传统 TRIZ 发展的成熟期。在这一阶段，TRIZ 在苏联得以广泛应用，并开发出了第一个 TRIZ 软件。1989 年，俄罗斯 TRIZ 协会（即后来的国际 TRIZ 协会，MATRIZ，The International

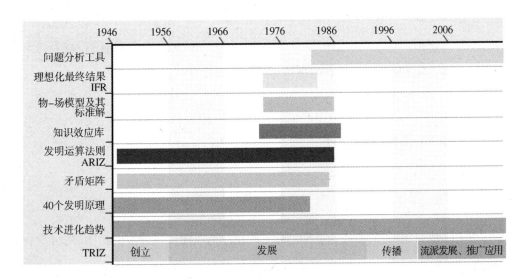

图 1.1　TRIZ 发展历程

TRIZ Association)成立。

在冷战期间,TRIZ 是苏联的国家技术机密,由于其对外封锁,很少被外界所了解。直至 20 世纪 90 年代初苏联解体之后,随着大量 TRIZ 研究人员移居欧美,TRIZ 才被系统地传到了西方,并引起全球学术界和企业界的关注。特别是传入美国后,阿奇舒勒的学生们在密歇根、波士顿等地成立了 TRIZ 研究咨询机构,继续开展深入的理论研究和工程应用。

近 20 年来,TRIZ 在全球不断发展,已经派生出了不同的流派与分支,呈现出"百花齐放、百家争鸣"的局面。同时,也使 TRIZ 得到了越来越广泛的应用和发展。在理论研究方面的流派主要有:①保留经典 TRIZ 基本工具体系并改革、丰富和发展TRIZ 而形成了自己的学术特点和主攻方向的独联体学派;②引导着现代 TRIZ 研究的主流方向、做出很多颠覆性成果的美国 GEN3(波士顿 GEN3 Partners 公司)学派;③强调系统化创新并深入结合管理创新的英国学派;④沿用 TRIZ 思想但是放弃TRIZ 工具、提出了 SIT(Structured Inventive Thinking,系统化发明思维)和 USIT(Unified Structured Inventive Thinking,统一结构发明思维)的以色列学派;⑤把TRIZ 工具集"极简化"到只有功能分析、矛盾分析和消除物理矛盾的韩国学派;⑥"以功能为导向、以属性为核心"的我国 U-TRIZ(Unified TRIZ)学派等。

2014 年初,国际 TRIZ 协会(MATRIZ)作为国际权威的 TRIZ 机构,正式发布了对于现代 TRIZ 基本理论的修订。根据 TRIZ 在苏联创立、发展、成熟,再到全球传

播并在各地发展的历程,本书将阿奇舒勒亲自认定的 20 世纪 80 年代中期以前所发展的 TRIZ(包括阿奇舒勒自己研发以及他的弟子们研发并经过他认可的)称为经典 TRIZ,而将国际 TRIZ 协会发布的理论体系称为现代 TRIZ。

1.2 经典 TRIZ 概述

1.2.1 发明的等级

在研究初期,阿奇舒勒认为 TRIZ 的主要使命是实现最高等级的发明,并将专利中的发明成果划分为五个等级,等级越高,发明越好。发明等级的划分及与知识来源和发明效果的对应关系如表 1.1 所示。充分认识和领会这些发明级别,可以让我们更好地学习和领悟经典 TRIZ 的知识体系。

表 1.1　发明等级的划分及与知识来源和发明效果的对应关系

发明的级别	发明的大小	知识来源	创新程度	发明效果	占人类发明总数的比例
一	最小型	个人知识	明确的结果,但未解决矛盾问题	小改革	~32%
二	小型	专业内知识	局部的改进,解决了某种矛盾问题	较大改进	~45%
三	中型	跨专业知识	根本的改进,彻底解决了矛盾问题	重大改进	~18%
四	大型	跨学科知识	全新的科学原理,解决大型问题	全新升级	<4%
五	重大型	新知识	跨越了已有学科界限,解决重大问题	突破性飞跃	<1%

(1)一级发明

一级发明是指采用本领域范围内显而易见的解决方案对产品局部进行微小的改进,属于小改小革,对整个系统基本上不产生影响。这一类问题的解决,依靠个人自身掌握的常识和一般经验就可以完成。例如,包裹隔热材料以减少管道的热量损失,用冷藏的方法实现化妆品的保质等。该类发明大约占人类发明总数的 32%。

（2）二级发明

二级发明是指对系统某个部分进行比较大的改进，技术上解决了明显的矛盾。这一类问题的解决，主要采用本行业专门的理论、集体的知识和经验，而且需要较高的智慧。例如，利用柔性的材料或结构来实现照相机的焦距调节等。该类发明大约占人类发明总数的 45%。

（3）三级发明

三级发明是指对已有系统的若干个部分进行比较全面而重大的改进，彻底解决矛盾。这一类问题的解决，需要运用本专业以外甚至跨行业的专门知识和方法，解决系统中存在的根本问题。例如，互联网的发明，汽车上自动变速系统的发明等。该类发明大约占人类发明总数的 18%。

（4）四级发明

四级发明是指采用全新的原理对现有系统进行破坏性的创新，实现产品基本功能的更新换代。这一类问题的解决，需要多学科交叉的知识，主要是从科学底层的角度而不是从工程技术的角度出发，充分挖掘和利用科学知识、科学原理来实现发明。例如，量子通信卫星的发明，数码相机的发明等。该类发明占人类发明总数的4%以下。

（5）五级发明

五级发明是指对世界产生新的认知，或利用最新的科学原理实现全新系统的发明、发现。这一类问题的解决，主要是依据人们对自然规律或科学原理的新发现，往往会改变整个人类社会。例如，计算机的发明，引力波的发现等。该类发明占人类发明总数的比例不到 1%。

常用的创新方法所得出的解决方案，大多只能实现一级或二级发明。阿奇舒勒认为，一级发明过于简单，大量低水平的一级发明也抵不上一项高水平的发明，所以不具有参考价值；五级发明对于一般科研人员来说又过于困难，可遇而不可求，也不具有参考价值。因此，他从专利中只挑选属于二级、三级和四级的专利进行分析研究，寻找蕴藏在这些专利背后的规律。从知识来源上看，TRIZ 是在分析二级至四级发明专利的基础上，归纳、提炼出来的。因此，利用 TRIZ 可以解决四级以下的发明问题。针对 TRIZ 的效用问题，阿奇舒勒曾经明确表示：利用 TRIZ 方法可以帮助发明者将其发明水平从一级、二级提高到三级或四级水平。

1.2.2 经典 TRIZ 的主要内容

经典 TRIZ 认为,技术系统(概念详见第 3 章)的进化过程不是随机的,而是有客观规律可以遵循的,并且这些规律在不同领域反复出现。阿奇舒勒还发现,"真正的"发明往往都需要解决隐藏在问题当中的矛盾。于是他指出:是否出现矛盾,是区分常规问题与发明问题的一个主要特征。发明问题是指必须至少包含一个矛盾(技术矛盾或物理矛盾)的问题。

经典 TRIZ 的核心思想主要有:无论是简单还是复杂的技术系统,其核心技术的发展都遵循一定的模式和规律,而且这些模式和规律的数目不多、反复出现,技术系统的进化可以据此进行预测;矛盾和冲突的不断解决是推动各种技术进化的动力,真正的创新是解决矛盾;技术系统进化的理想状态是用尽量少的资源实现尽量多的功效。

经典 TRIZ 具有庞大的理论体系,如图 1.2 所示[1]。

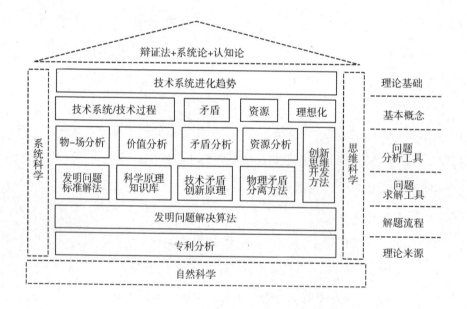

图 1.2 经典 TRIZ 的理论体系

该体系以辩证法、系统论、认识论为哲学指导,以自然科学为根基,以系统科学和思维科学为支柱,以二至四级发明专利为知识来源,以技术系统进化趋势为理论基础,以技术系统/技术过程、矛盾、资源、理想化为四大基本概念,包括了解决工程技术问题和复杂发明问题所需的问题分析工具、问题求解工具和解题流程。其中,常用的工具有技术进化趋势、矛盾分析与发明措施、物-场分析及 76 个标准解、效应知识库、ARIZ 算法等。运用这些工具不仅可以有效打破思维惯性,拓展创新思维,还可以令使用者按照更科学合理的途径寻求解决问题的思路。

　　英国 Bath 大学的达雷尔·曼恩(Darrell Mann)教授对经典 TRIZ 有着深入的研究,提出了从整体上把握 TRIZ 的层次说,如图 1.3 所示,将 TRIZ 分为三个层次:哲学层、方法论层和工具层[2]。曼思在 TRIZ 的哲学层面提出了"理想化最终结果"(IFR,Ideal Final Result)的概念(亦有译作"理想解"),认为理想化最终结果是产品或技术进化的终极状态,目前技术或产品均处于向理想化最终结果进化的中间状态。经典 TRIZ 的"矛盾""资源"等概念同样具有哲学意义,对不同创新问题的解决具有普适性。发明问题解决算法(ARIZ,Algorithm for Inventive Problem Solving 的注音缩写)属于方法论层次,它采用逻辑流把 TRIZ 的各种工具串在一起,从宏观上给出了技术进化定律及模式,形成了一整套问题解决方法。TRIZ 的很多实用工具,包括趋势分析、功能分析、矛盾分析、四大分离原理、40 个发明措施、物质-场分析、76 个标准解、效应知识库,等等,可以独立解决许多创新问题。所以,从另一个角度,可以说 TRIZ 是这些诸多工具的集合。

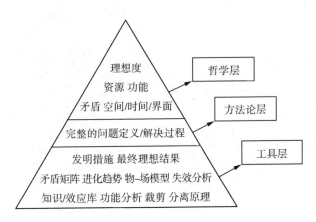

图 1.3　TRIZ 的层次观

1.2.3　经典 TRIZ 解决发明问题的一般流程

　　人类解决问题的过程非常复杂,涉及多学科和多领域,难以用简单的语言阐述清楚。当我们在工作中遇到具体的实际问题时,往往会先对问题进行详细分析,考察问题的属性,探究问题的根源,然后再着手去寻找解决问题的方法,最后提出解决

方案。例如,对于某个实际问题,首先通过分析,将其定义为求解方程 $2x^2-7x-9=0$ 这个特定的数学问题。然后可以使用多种方法进行求解,如试凑法、配方法、直接开平方法、图解法等,但是通常经过分析后,我们会乐意选择求根公式法,将其转化为一个类似的数学标准问题:解一般化方程 $ax^2+bx+c=0$。接下来,运用该方程的标准解工具 $x=\dfrac{-b\pm\sqrt{b^2-4ac}}{2a}$,再类比到这个特定的数学问题之中,最后,求解得到这个方程的两个特定解:$x_1=-1,x_2=4.5$。显然,这个求根公式法的求解过程比试凑法、配方法、直接开平方法、图解法等的都要更快更准。

与此类似,人们在解决技术问题时,通常首先要对实际问题进行仔细的分析,找出关键所在;然后把这个关键问题转化为一个特定的问题模型;针对不同的问题模型,应用不同的解决工具,得到解决方案模型;最后,将这些解决方案模型应用类比到具体的问题之中,就是问题的最终解决办法。

TRIZ 在解决发明问题的思维方法和解题流程上,与其他解决发明问题的方法的思路和流程基本相同,而二者的区别仅仅在于,TRIZ 比其他解决发明问题的方法更加快捷、全面、准确和高效。

经典 TRIZ 理论解决发明问题的一般流程如图 1.4 所示。

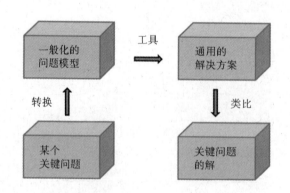

图 1.4　TRIZ 解决发明问题的一般流程

①清楚地定义一个具体的关键问题。问题定义得越清楚,则解决问题的可能性越大,如果这个问题还没弄清楚,则需要将这个问题研究透彻后再着手解决。

②将这个待解决的关键问题转化为类似的标准发明问题模型,如技术矛盾、物理矛盾、物-场模型、How to 模型等。

③针对不同的标准问题,运用不同的 TRIZ 问题求解工具,如矛盾矩阵及 40 个

发明措施、四大分离原理、76 个标准解、效应知识库等，得到通用的解决方案模型。

④将这些解决方案模型应用到这个具体的问题之中，通过类比，得到关键问题的解决方案。

在实际工作中遇到具体的发明问题时，可以利用上述某种标准问题求解方法，来寻求解决发明问题的途径。针对同一个问题，如果所建立的问题模型不同，使用的解题工具也会不同，因而得到的解决方案模型也将不同。从理论上来说，一般可以采用上述四种标准问题模型中的任意一种来寻找解决方案，但是，由于不同的方法解决问题的出发点是不同的，因而当面对一个具体问题的时候，应该先对问题进行分析，考察问题的属性，探究问题的根源，看看哪一种模型的方法更适合解决这个问题。只要具体问题具体分析，灵活应用不同的方法，便可以得到各种不同的备选方案，然后再从其中选择最好的解决方案。

对于一些复杂的、无法直接用以上工具解决的问题，TRIZ 还提供了一套解决问题的流程和算法——发明问题解决算法（ARIZ），但是其求解过程相对比较复杂。

1.2.4　经典 TRIZ 的边界

经典 TRIZ 是研究技术进化规律和创新思维的理论与方法，目的是促进高水平专利的产生。但是，任何理论都有其局限性，经典 TRIZ 也不例外。

经典 TRIZ 通常不解决技术领域以外的问题。由于 TRIZ 的知识来源是对高水平发明专利的分析，而技术领域是产生高水平发明专利的沃土，因此通常人们认为，TRIZ 更适用于解决技术领域里的发明问题。

经典 TRIZ 不能解决技术领域中的五级发明问题。对于五级发明问题来说，需要依靠对自然规律或科学原理产生新的发现，而 TRIZ 的知识不具备这个基础，无法利用它来解决，这是 TRIZ 自身的一个局限性。

TRIZ 不同于专业科技书籍。各种专业科技书籍一般专注于行业科技规律，不涉及创新思维的心理活动；而 TRIZ 则不关注与创新思维无关的科技规律。

TRIZ 也不同于头脑风暴等传统创新技法。头脑风暴法只专注心理活动，不涉及科技规律；而 TRIZ 则不关注与技术规律无关的思维问题。

1.3 现代 TRIZ 概述

现代 TRIZ 在发展过程中,通过吸收价值工程、工业工程等不同领域的学术成果,扩充和完善了相关概念和工具,突破了传统 TRIZ 分析问题的瓶颈。新增了创新解题工具如对标分析、特征传递、功能导向搜索、功能分析与裁剪法、原因链分析、失效预测分析等,其理论体系如图 1.5 所示[3]。相对于经典 TRIZ 而言,这些工具有着明显的结构层次、更为具体的实施方法,不仅可以用于产生创造性的想法、解决技术问题,还侧重于企业、商业的应用,开发具有实际意义的创新技术和产品。经典 TRIZ 专注于如何解决发明类问题,现代 TRIZ 则更擅长分析和发现关键问题。

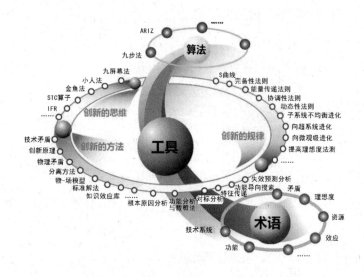

图 1.5 现代 TRIZ 的理论体系

现代 TRIZ 解决问题的流程及其对应工具如图 1.6 所示。流程中包括问题识别、问题解决和概念验证三个阶段。问题识别阶段是要从面临的系统表象问题中找到隐含的深层次的关键问题点,运用的工具有对标分析、功能分析、因果链分析、流分析等,找到了关键问题点,才能高效地解决面临的问题。问题解决阶段是要针对关键问题点,建立 TRIZ 的标准问题模型,然后运用其相应的通用标准解,转化为具体的解决方案。所运用的工具有功能导向搜索、物-场模型标准解、效应知识库、发明问题解决算法、克隆技术、矛盾分析及发明措施等。每一种工具都可能产出大量的创意方案。概念验证阶段是要对这些大量的创意方案进行分析,解决其次生问题,并通过方案评估，从中找出实际可行的最优方案。

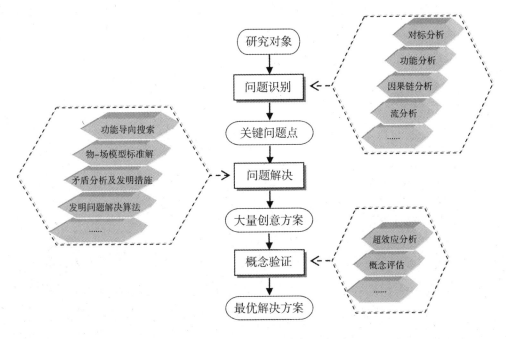

图 1.6　现代 TRIZ 解决问题的流程及其工具

2014 年国际 TRIZ 协会在对现代 TRIZ 的修订中，阐述了现代 TRIZ 与经典 TRIZ 的主要区别：

①侧重于开发具有实际意义的创新产品和技术，而不仅仅是有创造性的想法。利用经典 TRIZ 的工具产生一些新奇的想法比较容易实现，但想要具体实施的时候，发现许多次级问题难以解决。而现代 TRIZ 更加侧重于将具体的想法落地，变成切实可行的解决方案，类似的工具如功能导向搜索、超效应分析，等等，更加贴近企业的实际。

②侧重于企业/商业应用，而不仅仅在于技术问题的解决。TRIZ 起源于大量专利的分析，经典 TRIZ 重点在于解决技术问题，对于商业化的应用却是关注甚少。但不关注商业应用的理论难以在企业中得到应用，特别是难以获得高层领导的重视。为了适应企业在这一方面的需求，现代 TRIZ 中又有一些关注企业商业价值的工具出现了，例如 MPV(Main Parameter of Value，主要价值参数，即影响客户购买决定的主要参数)分析，又如加强之后的 S 曲线，等等。

③国际/全球的传播。苏联解体前，TRIZ 的发展和运用基本上在苏联境内，外界知之甚少。现代 TRIZ 是在苏联解体后，在美国和西欧等国家和地区发展起来的，

在世界上得到了广泛的传播。

目前，现代 TRIZ 仍然在不断发展之中，进一步探讨和拓展 TRIZ 的理论内涵，同时与其他理论和技术（如信息科学、生命科学、社会科学及技术）有机结合，使其指导发明创新的能力更加强大。

全球与 TRIZ 相关的主要网站有：www. matriz. org（美国）、www. triz-journal. com（美国）、www. altschuller. ru（俄罗斯）、www. trisolver. eu（欧洲）、www. triz-online. de（德国）、www. stenum. at（奥地利）、www. triz. gov. cn（中国）。

1.4　TRIZ 的应用

在 2015 年 7 月 1 日开始实施的国家标准 GB/T 31769—2015《创新方法应用能力等级规范》中，规定了创新方法应用相关的术语和定义、创新方法应用等级划分和能力要求。其中，对 TRIZ 的少数术语进行了规范性描述，明确规定了 TRIZ 方法的掌握程度与创新方法应用能力等级的对应关系。

TRIZ 被广泛应用于从事以下创新活动：

①快速解决问题，产生新设想。

②预测技术的发展，跟踪产品进化的过程。

③对本企业的技术形成强有力的专利保护。

④最大化新产品开发成功的潜力。

⑤合理利用资源。

⑥改善对客户需求的理解。

⑦在新产品开发过程中节省时间与资金。

TRIZ 的应用，首先普及它的诞生地。苏联对于创造力教育一直高度重视。从20 世纪 70 年代起，不仅成立了发明家组织，还建立了世界上第一批发明学校，一些重要的科研机构和企业单位一度要求"每七个工程技术人员中有一个 TRIZ 工程师"。苏联解体后，许多专家移居美国和欧洲，创办了与 TRIZ 相关的公司（如 Invention Machine），开发了基于 TRIZ 的软件系统，并为一些企业提供咨询服务。

1992 年美国宝洁公司（P&G）、1997 年韩国三星电子（Samsung）分别开始将TRIZ 引入企业内部。自 20 世纪 90 年代中期开始，美国供应商协会（ASI，American

Supplier Institute)一直致力于把 TRIZ、QFD(Quality Function Deployment,质量功能配置)和 Taguchi(田口法)一起推荐给世界 500 强企业。进入 21 世纪,美国企业如通用电气(GE,General Electric)、英特尔(Intel)、波音(Boeing)、通用汽车(GM,General Motors)、福特汽车(Ford Motors)、惠普(HP),欧洲企业如西门子(Siemens)、飞利浦(Philips)、空中客车(Airbus)、联合利华(Unilever),韩国企业如LG 电子、浦项制铁(Posco)、现代汽车(Hyundai),日本企业如索尼(Sony)、松下电器(Panasonic)、日产汽车(Nissan Motors)、富士施乐理光(Xerox)、日立(Hitachi),等等,在新产品开发中都通过推广应用 TRIZ,获得了可观的经济效益。

2001 年,波音公司邀请 25 名原苏联 TRIZ 专家,对波音 450 名工程师进行了为期两周的培训和讨论,结合波音 767 机型改装成空中加油机的实际研发课题,利用TRIZ 思想作为指导,获得了重要的技术创新启示,取得了关键性技术的突破,大大缩短了研发周期。由此,波音公司在投标中战胜空中客车公司,赢得 15 亿美元空中加油机订单。福特汽车公司曾运用 TRIZ 解决汽车在大负荷时出现偏移的难题,得到了 28 个问题的解决方案,其中一个非常吸引人的解决方案是:利用低热膨胀系数的材料制造轴承,可以很好地解决在大负荷时出现偏移的问题。

韩国的三星电子是全球利用 TRIZ 取得成功最为典型的企业之一。1998 年,三星公司首席执行官尹钟龙制订了具有战略意义的价值创新计划,并建立了 VIP(Value Innovation Program)价值创新中心,主要开展价值工程、TRIZ 研究与推广、新产品开发等三方面的工作,其目的是"为顾客创造新价值,降低研发成本"。1998—2002 年,三星公司共获得了美国工业设计协会颁发的 17 项工业设计奖,连续5 年成为获奖最多的公司。2003 年,在 67 个开发项目中使用了 TRIZ,节约了 1.5 亿美元,并产生了 52 项专利技术。2004 年以 1604 项发明专利超过英特尔公司名列第六位,领先于日本的日立、索尼、东芝和富士通公司等竞争对手。截至 2015 年,三星电子拥有一个 12 人组成的全职 TRIZ 团队,在 33 600 余名研发人员中已有 27 300余人接受过 TRIZ 系统培训。每年在 TRIZ 团队立项的研究项目有 400 个左右。项目的类型主要有:质量改善类(约占 41%)、提高竞争力的核心技术攻关类(约占42%)、降低成本类(约占 9%)。至今,TRIZ 团队主要帮助公司解决以下四个方面的问题:三星公司专业工程师无法解决的技术问题;对三星公司的产品进行进化预测;进行专利对抗,即建立专利保护,以及设法绕过竞争对手申请专利;构建创新的企业

文化,指导三星公司研发人员将 TRIZ 思维方式、方法及工具应用于日常研发工作中。

2008 年 4 月,我国科技部、发改委、教育部、中国科协等部门下达了《关于加强创新方法工作若干意见》文件(国科发财〔2008〕197 号),文中三次提到要推广和应用TRIZ。随后,全国科技部门陆续组织了数以百计的 TRIZ 培训班,社会各界的大型企业,如中国石化、华为、中兴通讯、海尔集团、鞍钢集团、中车集团、中航集团,等等,积极推广应用,TRIZ 在我国的应用案例呈数量级上升。2015 年开始,科技部每年设立创新方法专项科研项目,继续鼓励和资助企业大力推广应用 TRIZ 等创新方法。

TRIZ 普遍应用的结果,不仅提高了发明的成功率,缩短了发明的周期,还使发明问题具有可预见性。据统计,应用 TRIZ 的理论与方法,可以大大增加专利数量并提高专利质量,可以大幅提高新产品开发效率,可以显著缩短产品上市时间。

目前,TRIZ 的应用已逐渐由原来擅长的工程技术领域,向自然科学、社会科学、管理科学、生物科学等多种领域逐渐渗透,并尝试解决这些领域遇到的问题。

1.5 TRIZ & Me 实验与讨论——身边的发明与专利分析

1.5.1 实验目的

①浏览国内外专利网站,熟悉阿奇舒勒的五个发明等级,了解 TRIZ 的发明范围。

②浏览国家标准网站,了解国家标准 GB/T 31769—2015《创新方法应用能力等级规范》;浏览 TRIZ 相关网站,了解国际 TRIZ 协会的 MATRIZ 认证,提升自己的就业和从业能力。

1.5.2 实验准备

①阅读本章内容,完成课堂学习。

②组建实验小组。

③配备一台互联网终端机。

④选择身边一件有创意的物品。

1.5.3　实验内容与步骤

①分析并描述该物品的创新之处。

_____

_____

_____

②对照阿奇舒勒的发明等级分类,分析其大致的发明等级。

_____

_____

_____

③从我国专利资源信息库中查找同类物品的三个专利,并记录其信息。

_____

_____

_____

④对照阿奇舒勒的发明等级分类,分析这三个专利的发明等级(注明理由)。

_____

_____

_____

⑤浏览国家标准网站,了解国家标准 GB/T 31769—2015《创新方法应用能力等级规范》。

网址:_____

_____

_____

⑥浏览 TRIZ 相关网站，了解国际 TRIZ 协会的 MATRIZ 认证。

网址：_____

_____

_____

_____

⑦中华传统文化中的哪些智慧可以与 TRIZ 相媲美（列出 1～2 项）?

_____

_____

_____

⑧你希望通过 TRIZ 学习做一个什么创新?

_____

_____

_____

_____

1.5.4　实验总结

_____

_____

_____

_____

_____

1.5.5　实验评价

实验小组成员及组内评价：_____

_____

_____

_____

1.6 习　题

①TRIZ 经历了怎样的发展历程?

②阿奇舒勒创立 TRIZ 体系的基础是什么?

③经典 TRIZ 的核心思想是什么?

④经典 TRIZ 的内容有哪些?

⑤现代 TRIZ 有哪些新的发展?

⑥TRIZ 主要应用于哪些方面?

⑦发明的等级有哪些? 分等级有何意义?

⑧学习和研究 TRIZ 的价值是什么?

⑨专利与 TRIZ 有何关系?

02

第 2 章

创新思维方法

2.1 创新思维与惯性思维

2.1.1 创新与创新思维方式

创新是指以现有的知识和物质,在特定的环境中,改进或创造新的事物(包括但不限于各种方法、元素、路径、环境,等等),并能获得一定有益效果的行为。创新是人类特有的认识能力和实践能力,是人类主观能动性的高级表现。100多万年的人类历史,就是一部不断征服自然、改造自然的创新史。

一直以来,人们认为只有科学家和发明家才可以做到创新,所有的发明创造都是这些科学家和发明家在冥思苦想后"灵光一现"的结果,可遇而不可求。事实上,无论是发明创造,还是创新,都是有规律可循的,是完全可以建立在客观规律的基础上,建立在有组织的思维活动上,按一定的程序运行达成的结果。从千百年前的古老发明到现代的科技创新,人类其实一直都在有意无意地遵循着客观规律,应用创新思维来解决创新的问题。

所谓创新思维,就是以新颖独特的方式对已有信息进行加工、改造、重组和迁移,从而获得有效创意的思维活动和方法。掌握了创新思维的特点,学会运用创新思维来思考和解决问题,就能在纷繁杂乱的问题中理清思路,能把困难的事物变为容易的事物,能从习以为常的事物中发现新事物;从而人人都可以成为创新思维的拥有者、受益者和传播者。

人们在创新思维活动中总结、提炼、概括出许多具有方向性和程序性的思维模式,为培养创新思维提供了方法支持。这些思维方式是人类在自身创造性动机和环境刺激驱动下,利用直觉和灵感等思维方式和潜意识进行思维活动,并总结、提炼出新颖性成果的思维活动能力,称作创造性思维方式,包括发散思维与收敛思维、正向思维与逆向思维、横向思维与纵向思维、求同思维与求异思维等。在创新思维活动中,它们相互联系、相互结合,共同作用。

(1)发散思维与收敛思维

发散思维是一种多向的、立体的、开放的思维,是人们尽可能地利用已有的知识和经验,将各种信息重新进行组织与整合,从不同的角度和层面,表达出尽可能多方案的思维方式。

人们常常通过借助横向类比、跨域转化、触类旁通等方法，使思维沿着不同的方面和方向扩散，以"独到""新奇"的视野，提出超乎寻常的新想法，从而获得创造性成果。比如我们常说的"一题多解"就是常见的发散思维。

【示例 2.1】 曲别针的用途

曲别针是一种文具，一般是用于将文件别在一起，便于归类收纳。如果对它进行发散思维，可以拓展出各种各样的用途：可以做各种砝码；可以和许多化学物质产生各种反应；可以变形成数字进行加减乘除；可以变形成英文、拉丁文、俄文字母等。此外，把它绷直后，可以起到琴弦的作用；它还可以做夹子、绳索、挂链、项链，等等。

收敛思维是根据可能的条件使不同方向、不同角度、不同层面、不同领域的思路指向问题中心，从许多已有的信息中推演出适合某种要求的信息，寻求某种正确（满意、最优化）答案以达到解决问题的目的。

【示例 2.2】 洗衣机的发明

在洗衣机发明以前，人们采用如手揉搓、洗衣板搓洗、刷子刷洗、棒槌敲打、在河中漂洗、流水冲洗、脚踩洗等各种方法进行洗涤，费时费力。后来的发明者和技术人员经过收敛思维，对各种洗涤方法进行分析和综合，充分吸收各种方法的优点，结合现有的技术条件，制订出设计方案，然后再不断改进，结果就有了现代的洗衣机，得以把人们从繁琐的体力劳动中解放出来。

收敛思维与发散思维是一对既相互对立又相互关联的思维方式，将两者结合起来使用是非常有用的创新思维方式。如图 2.1 所示，发散思维是创新思维活动的第一阶段，其产生的众多设想与方案，一般来说是不成熟的，甚至是不切实际的。经过第二阶段的收敛思维，对其结果进行评判、加工，最终得出合理可行的方案或结果。

（2）正向思维与逆向思维

正向思维是按照问题发展的自然过程，以事物的常见特征、一般趋势为标准的思维方式，是一种从已知到未知来揭示事物本质的思维方法。正向思维是依据事物的发展过程建立的，是由条件推解结论的过程，符合人类惯常的思维方向，是人们经常用到的思维方式。

第一阶段：发散　　　　　　　第二阶段：收敛

开发思维　　　　　　　　　进行评价
不做判断　　　　　　　　　得出结果

图 2.1　发散思维与收敛思维的结合使用

【示例 2.3】 飞机除冰

在飞机表面喷洒稀释的乙二醇溶液,可除去飞机表面的霜、雪和冰。但喷洒乙二醇溶液成本高,且会对周围环境造成污染,需采用一种更合理的方法解决问题。通过正向思维,考虑采用激光这种新技术,利用激光所具有的辐射加热作用,使冰融化。具体方案如图 2.2 所示,采用二氧化碳和一氧化碳激光束发生器作为激光辐射源,将激光源设置在距飞机较远的位置,将其产生的激光束对准一面反射镜,通过被反射激光束的热量使飞机上的冰融化。

人们习惯于用正向思维来寻求问题的解决办法。其实,对于某些特殊问题,从结论往回推,即倒过来思考,从求解回到已知条件,反过去想或许会使问题简单化,这就是逆向思维。逆向思维是从事物现存关系的反面、完全相反的方向和角度提出问题、思考问题、解决问题的一种思维方式。

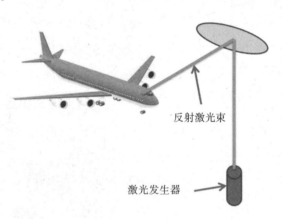

反射激光束

激光发生器

图 2.2 激光束去飞机表面冰层示意图

历史上被传为佳话的司马光砸缸救落水儿童的故事,实质上就是一个运用逆向思维的经典案例。再例如《三国演义》中的"空城计",诸葛亮之所以敢大胆地以"空城"退敌,就是准确地揣摩到了司马懿谨慎、多疑、心虚的心理状态,别出心裁、逆向思维,使他成功地化解了当时的危机。电梯的发明也是逆向思维的创新成果:人上楼梯是人走路,而电梯是路走,人不动,最终目标都是人上了楼,但使用电梯省力。

【示例 2.4】 巧变"凤尾裙"

某时装店的经理不小心将一条高档呢裙烧了一个洞,想用织补法补救来蒙混过关,又怕被顾客识破,造成不良后果。最后这位经理突发奇想,干脆在小洞的周围又挖了许多小洞,并精于修饰,将其命名为"凤尾裙"。这"凤尾裙"不但卖了好价钱,还一传十,十传百,不少女士上门求购,一时时装店生意十分红火。这名经理通过逆向思维不仅化解了一时的危机,还带来了可观的经济效益。

(3)横向思维与纵向思维

横向思维是一种共时性的思维,它截取事物发展过程的某一横断面,从多个角度入手研究同一事物在不同环境中的发展状况,从而拓宽解决问题的视野。

横向思维包括横向移入、横向移出、横向转换等多种方式。

例如通过设立基站来解决电信号衰减问题,就是把其他领域的好方法(驿站)移到本领域来。

法国细菌学家巴斯德发现酒变酸、肉汤变质都是细菌在作怪。而经过处理,消灭或隔离细菌,就可以防止酒、肉汤变质。李斯特利用横向移出的思维方式,把巴斯德的理论用于医学界,轻而易举地发明了外科手术消毒法,拯救了千百万人的性命。

横向转换的案例也不少,如曹冲称象,把测重转换成测船入水的深度。又如和路雪(联合利华公司旗下的冰激凌品牌)为了占领冷饮市场送冰柜和阳伞,用大赠送的办法进行户外广告,成效显著。

纵向思维是按照有顺序的、可预测的、程式化的方向进行的思维形式,这是一种符合事物发展方向和人类认识习惯的思维方式,遵循由低到高、由浅到深、由始到终等线索,因而清晰明了,合乎逻辑。纵向思维就是对事物发展过程的反映,并且在这个发展过程中可捕捉到事物发展的规律。纵向思维被广泛地应用于科学探索和实践中。

苏联发明家阿奇舒勒通过对大量专利的分析发现了任何系统或产品都是按生物进化的模式进化,通过确定产品在S曲线上的位置(详见第3章),来预测产品的技术成熟度,为企业决策指明方向。

纵向思维对未来的推断有预测性,在气象预测、地质灾害预测等领域得到了广泛应用。

横向思维和纵向思维的综合应用能够使人们对事物有更全面的了解和判断,是重要的创造性思维技巧之一。例如研究中国的文化,也可从纵横两方面来进行思维,如图 2.3 所示。在实际生活和思维活动中,再结合逆向思维、发散思维等思维方式,往往可以加强创新的深度与广度。

(4)求同思维与求异思维

求同思维是指在创造活动中,把两个或两个以上的事物,根据实际需要,联系在一起进行"求同"思考,寻求它们的结合点,然后根据这些结合点产生新的创意的思维活动。

【示例2.5】 爆米花的启迪

早期的爆米花在加工时,是将玉米粒置于特殊的锅中加热。锅内的温度不断升

高,且锅内气体的压强也不断增大,玉米粒处在高温高压的状态下。然后"砰"的一声巨响,锅盖子被打开,锅内的气体迅速膨胀,压强很快减小,玉米粒被突然释放在常温常压下,使得玉米粒内外压强差变大,玉米粒内高压水蒸气也急剧膨胀,瞬时爆开玉米粒,从而导致玉米粒瞬时爆开,即成了爆米花,同时玉米粒内部的结构和性质也发生了变化。利用瞬间压力差加工爆米花的工作原理,在其他行业中也得到了运用,如甜椒去籽和蒂、钻石破碎、砂糖粉碎、过滤网清洗等。

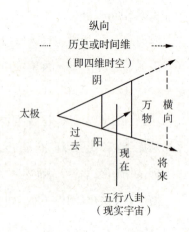

图 2.3 中国文化的纵横思维示意图

求异思维是指对某一现象或问题,进行多起点、多层次、多方向的分析和思考,获得富有创造性的观点或思想的一种思维方法。进行求异思维的关键在于,人们不受任何框架、模式的约束,突破、跳出传统观念和习惯势力的禁锢,从新的角度认识问题,以新的思路、方法创造更美好的东西。

人们日常所说的"出奇制胜",就是一种求异思维。在工商业竞争中,这样的例子不胜枚举。

【示例 2.6】 彩色电扇

1952 年,日本东芝公司积压了大量黑色电扇卖不出去。公司管理层和员工们费尽脑筋也收效甚微。这时,一个最基层的小职员提出以下建议:把电扇做成彩色的。董事会采纳了这个建议。第二年夏天,彩色电扇一上市,迅速掀起抢购热潮,卖出了几十万台。东芝公司彩色电扇在市场上获得巨大成功的道理在于:市场永远是喜新厌旧且追求变化的,能在市场上取得常胜的企业一定是善于自我改变的。而求异思维的本质正是追求与众不同的新方法、新思路,因此往往会取得意想不到的收获。

2.1.2 惯性思维与思维视角的泛化

惯性思维(亦称思维定势),就是按照积累的思维活动、经验教训和已有的思维规律,在反复使用中所形成的比较稳定的、定型化的思维路线、方式、程序、模式。

惯性思维对于解决问题具有极其重要的意义。在解决问题的过程中,利用处理过类似问题的知识和经验来处理新问题往往非常有效。惯性思维可以帮助我们解决日常生活中碰到的 90% 以上的问题。

　　惯性思维对问题的解决既有积极的一面,也有消极的一面,它容易使我们产生思想上的惰性,养成一种呆板、机械、千篇一律的解题习惯。当新旧问题形似质异时,思维的定势往往会使解题者步入误区。

【示例 2.7】 稚子之答

　　一位公安局长在路边同一位老人谈话,这时跑过来一位小孩,急促地对公安局长说:"你爸爸和我爸爸吵起来了!"老人问:"这孩子是你什么人?"公安局长说:"是我儿子。"请你回答:这两个吵架的人和公安局长是什么关系? 在 100 名被问的成年人中只有两人答对。后来一个孩子却很快答了出来:"局长是个女的,吵架的一个是局长的丈夫,另一个是局长的爸爸。"为什么如此简单的问题,那么多成年人的解答反而不如孩子的呢? 这就是思维定势在作祟:按照成人的经验,公安局长应该是男的,照此推想,自然找不到答案。而小孩子没有这方面的经验,也就没有思维定势的限制,因而一下子就找到了正确答案。

　　人们在解决问题时通常会按照常情、常理、常规去想,沿着"思维惯性的方向"去做事,虽然解决问题的效率较高,但也往往容易陷入思维误区,导致难以找到有创意的解决方案。因此,学习创新方法的最终目的,就是要打破思维惯性,跳出固有的思维模式与圈子,以创新的思维和视角来看待问题、分析问题、解决问题。

　　克服惯性思维最常见的方法就是尽量多地增加头脑中的思维视角和维度,拓宽思维的广度,学会从多种角度观察同一个问题,即要学会对思维视角进行泛化和扩展。

　　(1)改变思考方向,多角度看问题

　　常规的思考都是沿着事物发展的规律进行,这样容易找到切入点,解决问题的效率也比较高,但也往往容易陷入思维误区,制约创新发展,因此需要改变原有的思考方向,以获得更多的思维视角。比如可以变顺向思考为逆向思考,或者在沿着顺向思维方向的某一关节点上,通过侧向渗透的方法去获得问题的答案,也可以采用换位思考等。前面介绍的发散思维、逆向思维、横向思维、求异思维等创新思维方法都能很好地克服惯性思维。

　　在机械制造中,过去利用机械传动获得刀具和零件的旋转、位移、速度、加速度、切削力等,但随着制造精度和自动化程度的提高,完全采用机械方式已愈加困难,取

而代之的是应用计算机数控系统和光电测控手段,如采用旋转编码器、线性或球形光栅传感器、全数字化高速高精度交流伺服控制系统等,既简化了机械结构,又提高了精度和自动化程度。

【示例2.8】 "先绿后蓝"的彩管创新

某公司生产的25英寸彩管白场均匀度问题是长期困扰着该产品品质提高的难题,也常常受到用户诟病。公司不断地寻求改进的方法,成效都不明显。而25英寸彩管长期沿用的是"先蓝后绿"涂敷荧光粉的工艺。2001年,涂屏科的技术人员突破"先蓝后绿"的思维定势,提出改为"先绿后蓝"的大胆设想,经过科学试验和论证,并大幅度修改绿、蓝粉配方,终于获得成功,25英寸彩管整体品质得到很大的提高。

(2)转换问题

在遇到比较困难和复杂的问题时,直接解决往往难度较大。这时可采取迂回的办法,将直接的问题转换为间接问题来解决,也可以把生疏的问题转化为熟悉的问题,或者把复杂的问题转换为简单的问题,都可简单而有效地获得成功。例如数学中常用的割补法,就是通过几何图形的割补来发现未知几何图形与已知几何图形的内在联系,从而将陌生的几何图形转换为已知的几何图形,轻松地得到解题答案。

【示例2.9】 戈迪阿斯之结

希腊有一个"戈迪阿斯之结"的寓言故事:在古希腊,凡是来到朱庇特神庙的人,都会被引去看戈迪阿斯王的牛车。因为牛车上有戈迪阿斯王将牛轭系在车辕上的绳结。传说能解开这个结的人,就会成为世界之王。每年都有很多人来神庙解这个结,但想尽办法都失败了。后来,神殿里来了一位叫亚历山大的年轻国王,他顺手举起佩剑一砍,绳子断了,绳结也因此解开了。当所有人面对复杂的绳结兴叹时,却未想到把绳子割断原来是最简单的办法。

2.2 传统创新思维方法

创新思维方法是人们根据创造性思维发展规律和大量成功的创造与创新的实例总结出来的一些原理、技巧和方法。传统的创新思维方法有很多,图2.4是对传统创新思维方法的归纳与分类。本章选择了其中几种方法予以介绍。

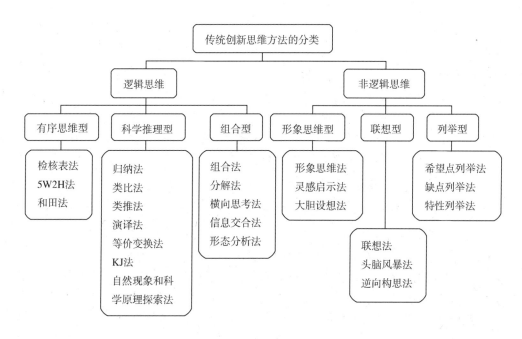

图 2.4　传统创新思维方法

2.2.1　试错法

随机寻找解决方案的方法,通常称作"试错法"。试错法的历史比较悠久,从古时候起,人们就应用它来求解发明问题。一个人尝试利用一种方法、装置、物质或工艺来求解某一问题,如果找不到问题的解决方案,就进行第二次尝试,然后是第三次,依此类推。如图 2.5 所示,发明者根据经验或已有的产品,沿方向 1 寻找解,如果扑空,就调整方向,沿着方向 2 寻找;如果还找不到,再变换方向 3……如此一直调整方向,直到在第 n 个方向找到一个满意的解为止。由于发明者不知道满意的解所在的位置,在找到该解或较满意的解之前,往往要扑空多次,试错多次。试错的次数,取决于发明者的知识水平和经验。所谓创新是少数天才的工作,正是试错法的经验之谈。试错法在尝试解决 10 种、20 种方案时是非常有效的,而在解决复杂任务时,则会浪费大量的时间和精力。

【示例2.10】　爱迪生发明电灯

众所周知,爱迪生于 1879 年 10 月成功研制出电灯,他为此用了接近 1 600 种材料进行试验。这是人类第一盏有广泛实用价值的电灯,灯丝用碳化棉丝制成,在连续用了 45 个小时之后这盏电灯的灯丝被烧断。1880 年,爱迪生又派遣助手和专家

们在世界各地寻找更耐用的灯丝,总共试用了 6 000 种左右,才找到用日本竹子制作的碳丝。这种碳丝可持续点亮 1 000 多个小时,达到了耐用的目的,用这种碳丝制作的灯被称为"碳化竹丝灯"。这是一个典型的用试错法成功的例子,但的确也花费了大量的时间和精力。他的助手曾经说:我非常同情他的工作,如果有一点点理论和计算帮助他的话,他将节省 90% 的精力。

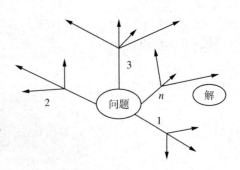

图 2.5　试错法模型

2.2.2　头脑风暴法

亚历斯·奥斯本博士被称为美国的"创造工程之父",在美国从事创造力开发研究的人员中是最权威的一位,他主持美国创造力教育基金会的工作。列在创造学方法之首的"头脑风暴法"就是奥斯本于 1939 年首次提出、1953 年正式发表的一种激发性思维的方法。

头脑风暴法就是通过群体间的思维流动和碰撞,营造一种创新激励的环境,从而激发人们产生大量的创意方案。头脑风暴法通常是以头脑风暴会议的形式展开。它鼓励与会者提出天马行空、出人意料的,甚至滑稽的想法,禁止对所表达的想法做出任何批评。会后对最终得到的想法清单进行分析,并从中选取可能的解决方案。目的是激发和运用团队所有人员的创造力来提高决策质量。头脑风暴法深受众多企业和组织的青睐,并得到了广泛的应用。

图 2.6 所示为头脑风暴法模型。假设甲、乙、丙 3 人进行头脑风暴,由于 3 个人的知识结构不同,对同一个问题求解的出发点不同,每个人先在自己熟悉的领域及附近发表意见。甲沿方向 A 提出设想,丙在此基础上向方向 B 延伸,乙又沿方向 C 延伸,方向(A→B→C)形成

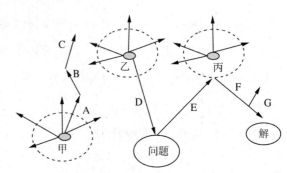

图 2.6　头脑风暴法模型

了思路。乙又提出 D 方向的设想,于是方向(D→E→F)形成了另一条思路,等等。小组的讨论结果可形成多条思路。然后再对大量的思路进行筛选分析,确定可能的解。

下面是头脑风暴法的成功案例。

【示例2.11】 直升机扇雪

美国北方格外严寒,大跨度的电线常被积雪压断,严重影响通信。许多人试图解决这一问题,但都未能如愿以偿。后来,电信公司经理召开了一场由不同专业的技术人员组成的座谈会,要求他们必须遵守自由思考、延迟评判、以量求质、结合改善的原则来进行讨论。有人提出设计一种专用的电线清雪机;有人想到用电热来融化冰雪;也有人建议用振荡技术来清除积雪;还有人提出带上几把大扫帚,乘坐直升机去扫电线上的积雪。其中有一个工程师在百思不得其解时,听到用飞机扫雪的想法后,一种简单可行且高效率的清雪方法冒了出来:用直升机扇雪。经过现场试验,发现用直升机扇雪真能奏效,一个久悬未决的难题,终于在头脑风暴会中得到了巧妙的解决。

2.2.3 检核表法

所谓检核表法,就是围绕研究对象,将有可能涉及的相关问题罗列出来,设计成表格(或问题清单),逐项检查核对,从而发掘出解决问题的大量设想。

检核表法思想提出比较早,创造学家们已创造出许多各具特色的检核表法,其中最著名的是奥斯本检核表法。

奥斯本检核表法是从 9 个方面提出问题,引导主体在创造过程中对照这些问题进行思考(见表 2.1),以便启迪思路,开拓思维想象的空间,促进人们产生新设想、新方案的方法。比如某个产品,"还能有其他什么用途?""还能用其他什么方法使用它?"……这能使人们想象活跃起来。它使思考问题的角度具体化了,是最简单的一种理性化问题解决方法之一,主要用于新产品的研制开发。

表 2.1 奥斯本检核表法

角度	检核问题
能否他用	现有的事物有无其他的用途,稍加改变有无其他用途;能否扩大用途
能否借用	能否在现有事物中引入其他的创造性设想;能否模仿别的事物;能否从其他领域、产品、方案中引入新的元素、材料、造型、原理、工艺、思路

续表

角度	检核问题
能否改变	现有事物能否在颜色、声音、味道、式样、花色、音响、品种、意义、制造方法等方面做出改变；改变后效果如何
能否扩大	可否扩大现有事物的适用范围、增加使用功能、添加零部件、延长使用寿命；能否在现有事物上增加长度、厚度、强度、频率、速度、数量、价值等
能否缩小	能否将现有事物体积变小、长度变短、质量变轻、厚度变薄以及拆分或省略某些部分（简单化）；能否浓缩化、省力化、方便化、短路化
能否替代	能否用其他材料、元件、结构、力、设备力、方法、符号、声音等代替现有事物
能否调整	能否变换现有事物的排列顺序、位置、时间、速度、计划、型号；内部元件可否交换
能否颠倒	能否从里外、上下、左右、前后、横竖、主次、正负、因果等相反的角度将现有事物颠倒过来用
能否组合	能否对原有事物在原理、材料、部件、形状、功能、目的等方面进行组合

【示例 2.12】 手电筒的创新思路

手电筒通常用来照明，通过奥斯本检核表法的启发，可引发出如表 2.2 所示的创新思路。

表 2.2　手电筒的创新思路

角度	引发出的发明及设想
能否他用	可用作信号灯、装饰灯等
能否借用	增加功能：加大反光罩，增加灯泡亮度
能否改变	改灯罩、改小电珠或用彩色电珠等
能否扩大	使用节电、降压开关等延长使用寿命
能否缩小	缩小电池规格来减小体积
能否替代	用发光二极管代替小电珠
能否调整	两节电池直排、横排，改变式样
能否颠倒	反过来想：不用干电池的手电筒，用磁电机发电
能否组合	与其他功能组合：带手电的收音机、带手电的钟等

2.3　TRIZ 创新思维方法

TRIZ 体系中包含了许多系统、科学而又富有可操作性的创造性思维方法和发明问题分析方法,能有效地打破思维定势,扩展创新思维能力,使人们能按照合理的途径寻求问题的创新性解决办法,主要有九屏幕法、小人法、金鱼法、STC 算子等。

2.3.1 九屏幕法

九屏幕法是 TRIZ 中典型的系统思维方法。

所谓系统,是指所有运行某个功能的事物的总和,可以由多个子系统组成,并通过子系统间的相互作用实现一定的功能。系统之外的高层次系统称之为超系统。人们所要研究的、正在发生的当前问题的系统称作当前系统。相对于系统的"当前",就应该还有系统的"过去"与"未来"。于是对情景进行整体考虑,不仅考虑目前的情景和探讨的问题,而且还有它们在层次和时间上的位置和角色,就形成了如图2.7 所示的九个屏幕。

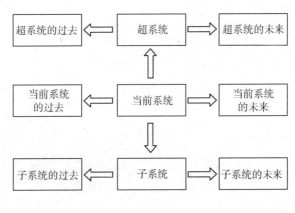

图 2.7 九屏幕法

九屏幕法具有两条轴线——系统层次和时间。

(1)时间轴

"过去":考虑在问题出现前发生于合适层次(包括系统、超系统或子系统)上的事件,每个屏幕都可以代表发生在"过去"的多个事件。例如汽车的"过去"是四轮马车,精加工的"过去"是粗加工,等等。

"未来":考虑在问题出现后发生于合适层次(包括系统、超系统或子系统)上的事件,每个屏幕都可以代表发生在"未来"的多个事件。"未来"可以是制造过程中的"后续"操作,可以是系统寿命周期的"后续"阶段,也可以是我们对"未来"发展的各种想象。

（2）系统层次轴

超系统：考虑某一高级别系统的单元、该高级别系统在适当的时段（"过去""当前"或"未来"）所包含的系统。通常，此类超系统代表了此系统参与的某过程或者是系统运行于其中的邻近环境。例如把汽车看作一个系统，交通系统就是汽车的一个超系统，当然气候、车库等也可以是汽车的超系统。

子系统：考虑系统所包含的单元、系统在适当的时段（"过去""当前"或"未来"）所处的运行状态。通常，此类子系统代表了此系统的某些组件、所消耗的"投入"或所产生的"产出"。例如把汽车看作一个系统，那么轮胎、发动机、车身、变速箱等就是汽车的子系统。

【示例 2.13】 手机创新的九屏幕法

以手机为例说明系统、子系统、超系统的组成及彼此之间的关系，如图 2.8 所示。

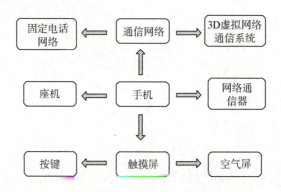

图 2.8　手机创新的九屏幕表

把手机看作是一个系统，通信网络就是手机的一个超系统，触摸屏为目前智能手机的一个子系统。我们将通过九屏幕法对手机通信方式的未来发展进行大胆的设想与创新，从而开发出引领时代的产品。例如可以将 3D 虚拟技术应用到通信系统，以空气为媒介进行手机的通信操作，当然此时的手机已不复存在，取而代之的是通信网络系统。不论是在公共场所还是在家里，只要在网络能覆盖的地方，只需一个网络通信器即可进行通信联系。

由此可见，通过九屏幕法，从当前系统扩展至九个屏幕，人们分析问题的视野拓宽了，可以更全面地理解当前系统。九屏幕法帮助人们分析问题、定义任务或矛盾，找出解决问题的新途径，把握当前系统以及超系统等的发展方向。

2.3.2 小人法

当系统内的某些组件不能完成其必要的功能,并表现出相互矛盾时,可以采用小人法从微观级别上进行系统分析。

小人法是用一组小人来代表这些不能完成特定功能部件,通过能动的小人,实现预期的功能。然后,根据小人模型对结构进行重新设计。它可以克服由思维惯性导致的思维障碍,尤其是对于系统结构,能很好地提供解决矛盾问题的思路。

小人法的步骤:

①找出问题中的矛盾。当系统内的某些组件不能完成其必要功能,并表现出相互矛盾时,找出问题中的矛盾,分析出现矛盾的原因是什么,并确定矛盾出现的根本原因。

②建立问题模型。将矛盾对象体中的各个部分想象成一群一群的小人,把小人分成按问题的条件而行动的组,并用图形的形式表示出来,不同组的小人用不同的颜色表示。

③建立方案模型。研究得到的问题模型(有小人的图),将小人拟人化,根据问题的特点及小人执行的功能,赋予小人一定能动性和"人"的特征,抛开原有问题的环境,对小人进行重组、移动、剪裁、增补等改造,以便解决矛盾。

④从解决方案模型过渡到实际方案。从幻想情境回到现实问题的环境中,将微观变成宏观,实现问题的解决。

【示例2.14】 应用小人法解决普通茶杯喝茶的问题

问题描述:用普通茶杯喝茶时,为防止茶叶和水同时进入口中,往往在茶杯中设置了过滤网,当过滤网的孔太大时,茶叶容易和水同时出去;当过滤网的孔太小时,水下流的速度变慢,开水容易溢出,造成对人体的烫伤;喝完茶后,茶叶容易粘连在杯壁,不易清理。

分析系统的组成部分:水、茶叶、水杯杯体、杯盖及过滤网。

超系统部分:手、嘴、空气等。

由于喝水时所产生的矛盾与系统的杯盖没有较大关系,因此不予考虑。而人的手和嘴是超系统,难以改变,也不予考虑。

描述系统组件的功能,如表2.3所示。

表 2.3　系统组件功能描述

序号	组件名称	功能
1	水	浸泡茶叶
2	茶叶	改变水的浓度
3	杯体	支撑或固定茶水混合物
4	过滤网	分离茶叶、阻挡空气
5	空气	阻挡开水

建立小人模型：如图 2.9 所示，在小人模型中，红色小人(过滤网)执行的主要功能是当喝水时将灰色小人(茶叶)和蓝色小人(水)分离，而蓝色小人可以自由移动，同时不能造成在蓝色小人进入时，引起蓝色小人和白色小人(空气)之间的对峙。

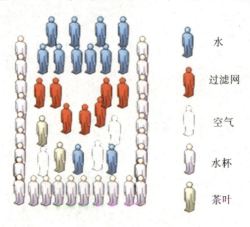

水
过滤网
空气
水杯
茶叶

图 2.9　茶杯的小人模型

进一步激化矛盾：当红色小人之间的间距非常小时，白色小人和蓝色小人都很难通过，同时将红色小人置于杯口，这时蓝色小人向下移动就会向外溢出。考虑将水杯颠倒一下，将红色小人在水杯中的站位进行调整，从上方移动到下方，这样蓝色小人向外移动的问题(溢出烫伤)就得到了解决。当红色小人移动到下方时，在清理茶杯时，灰色小人从杯中出来比较困难。如果杯体下方能够给灰色小人开一扇门，那么灰色小人的进出将变得非常容易。这时大量蓝色小人进入时，没有红色小人的阻挡，很容易的向下移动；灰色小人由于下方有门，可很容易的出入；而红色小人的间距非常小，能有效实现灰色小人和蓝色小人之间的隔离。

实际解决方案：将过滤网安装在水杯的最下方，同时将水杯的下方设计为可以开口的形式。如在茶杯底部增加一个带过滤网的小茶仓，如图 2.10 所示，从而很容易地解决了上述问题:在倒入开水时,水不易溢出,同时在喝颗粒较小的茶叶时,茶叶不会漏出过滤网;喝完茶后,茶叶始终保持在小茶仓内,很容易实现清理。

图 2.10　小人法设计的创意茶杯

2.3.3　金鱼法

金鱼法源自俄罗斯普希金的童话故事——金鱼与渔夫,故事中描述了渔夫的愿望通过金鱼变成了现实。金鱼法就是将创新过程中产生的看起来不可行甚至不现实的幻想逐步转变为切实可行的构想的方法。此方法的原理就是从幻想式解决构想中区分现实和幻想的部分,再从幻想的部分继续分出现实与幻想两部分,反复进行这样的划分,直到余下的幻想部分变得微不足道,而现实的部分愈加可行,问题的解决构想能够实现时为止。如图 2.11 所示。

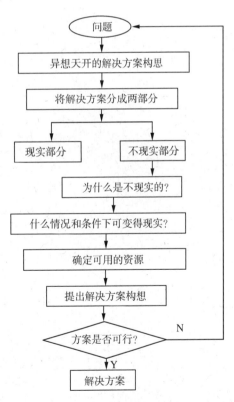

图 2.11　金鱼法工作流程图

【示例 2.15】　如何利用空气赚钱?

空气到处都有,人人都不缺,用空气来赚钱,听起来好像是天方夜谭,那就让我们来看一看,金鱼法是如何做到的。

①将问题分解为现实部分和不现实

部分。

现实：空气、钱、赚钱的想法。

不现实：买卖空气。

②回答为什么买卖空气是不现实的。

因为空气存在于整个地球，处处都有，人们不用花钱去买空气。

③回答在什么条件下人们要买卖空气。

当空气不足时，如在煤矿、潜水艇、深水、高山……

当空气中存在有益成分，可特别收集：芳香空气、富含负离子的空气……

④确定系统、超系统和子系统的可用资源。

超系统：地球表面、太空、地球磁场、太阳辐射。

系统：地球上的空气。

子系统：空气的各种成分（氮、氧……）和空气中的杂质（微小灰尘及生物颗
粒）。

⑤可能的解决方案构想。

向空气稀少的场所出售空气；向病人、高山运动员出售空气中的氧气；出售空
气净化装置……

图 2.12 是用金鱼法的求解过程。

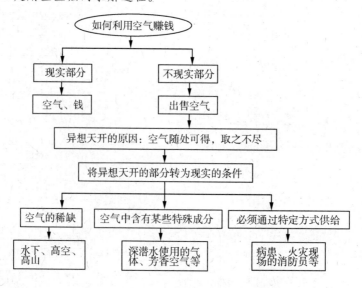

图 2.12　用空气赚钱的金鱼法求解过程

2.3.4 STC算子

STC算子是一种非常简单的方法,它从物体的尺寸、时间、成本三个方面来做六个智力测试,通过极限方式想象系统、重新考虑问题,以打破固有的对物体的尺寸、时间和成本的认识。其三个字母的含义分别为:

S:size,代表尺度;

T:time,代表时间;

C:cost,代表成本。

STC算子控制这三个因素的变化来找出相应的解决办法。它可以迅速发现对研究对象最初认识的不准确和误差,使我们重新认识研究对象。

STC算子分析步骤:

STEP1:明确研究对象现有的尺寸、时间和成本;

STEP2:想象对象的尺寸无穷大(S→∞),无穷小(S→0);

STEP3:想象过程的时间或对象运动的速度无穷大(T→∞),无穷小(T→0);

STEP4:想象成本(允许的支出)无穷大(C→∞),无穷小(C→0)。

【示例2.16】 苹果的采摘

苹果树的树冠高大,采摘苹果时往往需要使用梯子,劳动量大。如何方便、快捷、省力地采摘呢?

如图2.13所示,苹果采摘STC算子如下:

S:苹果树的高矮尺寸;

T:苹果树的生长时间;

C:苹果树的采摘成本。

想象试验:

尺寸无穷大(S→∞):梯子型的树冠;尺寸无穷小(S→0):低矮的苹果树;

时间无穷大(T→∞):苹果自由掉落;时间无穷小(T→0):压缩空气喷射;

成本无穷大(C→∞):智能型摘果机;成本无穷小(C→0):摇晃苹果树。

尽管STC算子一般不会直接提示出问题的解决方案,但却可以让人们产生一些独到的想法,而这些想法可以为解决问题提供方向。如上面分析的苹果的采摘,可以从多个维度去进行想象:比如培育出一种永远长不高的苹果树种;设计出一种智

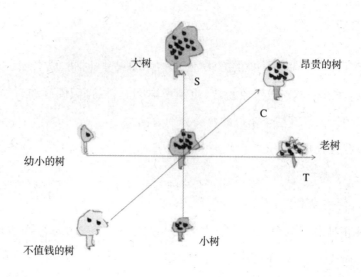

大树

昂贵的树

S

C

幼小的树

老树

T

不值钱的树

小树

图 2.13　苹果采摘 STC 算子示意图

能型摘果机等。

2.4　TRIZ & Me 实验与讨论——创新思维应用实战

2.4.1　实验目的

①熟练应用 2 种或 2 种以上传统创新思维方法。

②掌握 TRIZ 创新思维方法。

③通过实践,体会和对比各种创新思维方法,提高创新思维能力。

2.4.2　实验准备

①阅读本章内容,完成课堂学习。

②组建实验小组。

③选择身边某个物品准备进行创意设计。

2.4.3　实验内容与步骤

①5 个小组分别选择检核表法、九屏幕法、小人法、金鱼法、STC 算子对同一物品进行创意设计。

本组选择的创新思维方法：

_____

_____

_____

_____

②完整记录运用所选创新思维方法对该物品进行创意设计的思考和操作过程、阶段性结果以及最后创意方案。

过程记录：

_____

_____

_____

_____

_____

_____

_____

创意方案：

_____

_____

_____

_____

③5个小组汇合创意方案，对比各方案的思路方向和创新程度，分析体会不同创新思维的特点、作用和差异。

_____

_____

_____

_____

④试用头脑风暴法解决以下问题：

马路对面的草丛里有很多美味的虫子，小鸡很想吃虫子。但马路晒得很烫，还有很多车来来往往。可是虫子真好吃呀，如果你是小鸡的话，你会用什么办法吃到

这么美味的虫子呢?

组织人员进行头脑风暴会议:

与会者分别是: 专业背景:

1)_____,   _____

2)_____,   _____

3)_____,   _____

4)_____,   _____

5)_____,   _____

6)_____,   _____

7)_____,   _____

主持人:_____,   记录人:_____

请记录头脑风暴会产生的创意:

_____

_____

_____

_____

_____

_____

_____

_____

_____

_____

请选出最具可行性和最有创意的方案:

_____

_____

_____

_____

_____

_____

2.4.4 实验总结

_____

_____

_____

_____

_____

_____

2.4.5 实验评价

实验小组成员及组内评价：_____

_____

_____

_____

_____

2.5 习 题

①试举出生活中你所知道的运用创新思维的例子。

②试用发散思维说出红砖的用途。

③24 个人排成 6 列，要求每 5 个人为一列，请问该怎么排列好呢？

④为防止钢铁生锈，通常在表面涂上一层油漆以抗氧化，运用逆向思维方法，还有别的办法吗？

⑤在一次欧洲篮球锦标赛上，保加利亚队与捷克斯洛伐克队相遇。当比赛剩下 8 秒时，保加利亚队以 2 分优势领先，一般来说稳操胜券。但是，那次锦标赛采用的是循环制，保加利亚队必须赢球超过 5 分才能胜出。可要用仅剩的 8 秒种再赢 3 分，谈何容易？你要是保加利亚队教练，你会怎么做？

⑥生产产品所用的原料可否用其他适当的材料代替？如果代替，商品的价格将如何？产品性能改善情况怎样？试用发散思维针对某一种产品进行分析。

⑦试用头脑风暴法设计一款新型手机。

⑧用检核表法对水杯进行创新设计。

⑨埃及神话故事中会飞的魔毯曾引起我们无限遐想,可现实生活中会有这样的魔毯吗？如何让魔毯飞起来？试用金鱼法来进行创新设计。

03

第 3 章

技术系统进化趋势

3.1 几个重要概念

3.1.1 技术系统

钱学森等在《论系统工程(增订本)》中指出:"我们把极其复杂的研制对象称为'系统',即由相互作用和相互依赖的若干组成部分结合成的具有特定功能的有机整体,而且这个'系统'本身又是它所从属的一个更大系统的组成部分。"系统是由若干组成部分(称为组件或要素)以一定结构形式联结构成具有某种功能的有机体,必须具备三个基本条件:

①至少要有两个或两个以上的组件。

②组件之间相互联系、相互作用、相互依赖和相互制约,按照一定方式形成一个整体。

③系统具有整体的功能(是各个组件所不具备的)。

不同的系统可以实现不同的功能,也可以实现相同的功能,但是系统中的组件难以实现系统的功能。

技术系统是指具有某些技术属性的功能系统。例如,汽车、手机、电脑都是技术系统,但是三者具有不同的技术属性,所以其功能不同。技术系统是 TRIZ 中非常重要的基本概念之一。

TRIZ 将研究的具体对象看作一个技术系统(Technical System),亦称工程系统(Engineering System),并将以技术系统作为组件的更大的系统称为该技术系统的超系统。技术系统与超系统的相互关系如图 3.1 所示。例如,当研究对象是汽车这个技术系统时,汽车、驾驶员、道路、空气,等等,一起组成汽车的超系统;当研究的对象是发动机这个技术系统时,汽车就是发动机的一个超系统。超系统往往是技术系统的外部环境系统,技术系统是其超系统的一个组件。

技术系统的每个组件,也是一个独立的系统,称为技术系统的子系统。所以站在超系统的角度,也可以说技术系统本身是其超系统的一个子系统。最简单的技术系统是只有两个组件组成的系统,其两个组件相互作用产生功能,物质、能量或信息从一个组件传向另一个组件。复杂的技术系统具有多个相互作用的子系统。

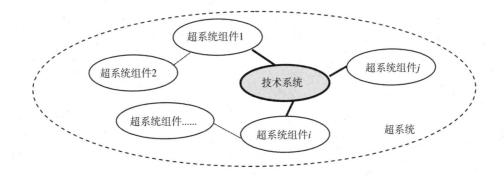

图 3.1　技术系统与超系统的关系

技术系统、子系统、超系统是相对而言的,技术系统的范围可大可小,大到非常复杂的庞大系统,小到物质的微观组成极限。通常要根据研究工作的目的、解决问题的前提和研究者的角色、可用资源等条件来确定技术系统的范围。

【示例3.1】　签字笔出墨不畅问题技术系统的界定

对签字笔出墨不顺畅进行研究。如果是生产者来研究,其目的是提升产品的质量,确保市场竞争力。生产者的可用资源涉及每一个零件或部件,为了使签字笔书写时出墨顺畅,那么选择的技术系统(研究对象)可能是笔芯(其组件包括笔头、墨水、笔芯杆、密封液等),也可能是墨水或者出墨水的笔头(含钢珠等组件),甚至只是笔头的钢珠。而如果是使用者来研究,目的是解决好写字的问题,能选择的资源就是笔或笔芯、纸张等,那么研究的技术系统可以是整支笔,也可以是笔芯,或者是写字的笔与纸张,一般不会去研究笔头、墨水之类的对象。

所界定技术系统的范围直接影响后续的每一个研究阶段。不同的范围所运用的知识和方法可能有天壤之别,解决问题的方案必然涉及不同领域的技术和资源,解决问题的效率和效果也会大相径庭。

3.1.2　功能、属性与参数

功能也是TRIZ的重要基本概念,但是没有统一的定义。一般认为,功能是具有某些属性的物质之间由于存在某种形式的接触而产生作用的结果。功能可以采用多种形式进行描述(详见第4章)。技术系统通过与其他系统(即自身超系统的组件)的相互作用而产生功能,这种作用,除了产生有用功能,还产生有害功能,均由其本身固有的属性所导致。有用功能的作用程度又分正常作用、不足作用和过度作用。

任何物质都有一系列的技术属性,如几何属性、物理属性、化学属性、材料属性、工艺属性,甚至生物属性,等等。属性通常采用参数来描述,以参数的数值来度量。属性本身无所谓好或坏、有用或有害,主要看使用者如何利用。

通过对 TRIZ 的研究,曼恩认为,技术系统的功能是利用了其自身的主要有用属性(MUAs,Main Useful Attributes)。

【示例 3.2】 汽车的功能、属性与参数的关系

汽车具有运输人或物资的有用功能,是因为利用了汽车的可移动、可制动、可容纳固定人或物资、可阻挡外来物体、可被操控等诸多主要有用属性,通过汽车与人或物资的相互作用(承载与被承载)来实现。而这些属性,可以通过外形参数(长、宽、高)、质量参数(整车自重、载重、总重、空载轴荷分配等)、通过性及机动性参数(如轴距、轮距、前悬、后悬、最小离地间隙、最小转弯半径、接近角、离去角等)、容量参数(座位数、货厢容积、行李厢容积、燃油箱容积等)、性能参数(如最高车速、最大爬坡度、起步加速时间、各挡加速时间、百公里油耗量、制动距离等)、发动机参数、底盘参数等一系列参数来描述,用这些参数的数值来度量汽车的功能程度。汽车除了具有运输人或物资的有用功能,也会对超系统(包括人)带来有害功能,例如占用空间,对路面造成损害,排放废气,等等。

3.1.3 技术系统进化趋势

通过对大量发明专利的分析,阿奇舒勒发现,技术系统的发展与生物系统的成长、人类社会的进步一样,都遵循着普遍性的客观进化模式和规律,即进化趋势。所有系统进化的趋势都可以在已有的专利发明中找到,并可以应用于新系统的开发,从而避免盲目的尝试。他带领团队对这些规律进行了深入研究,陆续归纳提炼出若干技术系统进化趋势和可操作程序,并将其抽象为一些公理,用 S 曲线进化法则和技术系统八大进化法则进行表述。这些法则是 TRIZ 的核心内容之一,奠定了经典 TRIZ 的理论基础。TRIZ 的其他诸多应用工具,如发明措施、标准解等,都是这些法则的具体实施形式。

在 TRIZ 走向全球化发展之后,许多学者在经典 TRIZ 的基础上,对技术系统进化规律进行了广泛而深入的研究。不仅厘清了已有进化法则相互之间的逻辑关系,对各种法则在 S 曲线各个阶段中的作用进行了界定,而且更深层次地揭示了技术系统进化的本质,进一步完善了更具方向性和可操作性的系统进化趋势体系,如图3.2所示,形成了一个比较清晰的技术系统进化趋势体系。

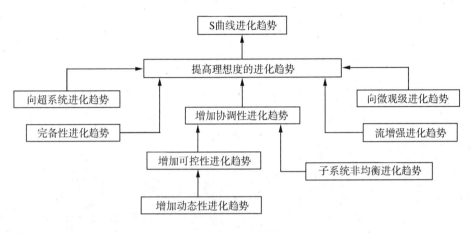

图 3.2　技术系统进化趋势体系

3.2　S 曲线进化趋势

　　阿奇舒勒用一条 S 形的曲线来描述技术系统的发展过程,这条 S 形曲线称为技术系统的"生命线"。如图 3.3 所示,该曲线描述了技术系统某个重要技术性能在一个完整生命周期内的表现。图中的横轴表示时间,纵轴表示技术系统的某个性能参数(如上述的汽车外形参数、

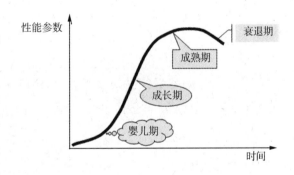

图 3.3　S 曲线

质量参数、通过性及机动性参数、容量参数、性能参数,等等),一条 S 曲线表示技术系统的某个性能参数随时间变化而经历的婴儿期、成长期、成熟期、衰退期四个进化阶段。

3.2.1　S 曲线四个阶段的特点

　　在 S 曲线的每个进化阶段,技术系统都会呈现出不同的特点。

(1)婴儿期

在这个阶段,技术系统因一个前所未有的核心技术(功能、属性、原理或一流的性能参数)而刚刚诞生。但是系统设计和系统组件还比较粗糙,系统组件之间以及与超系统之间的相互作用仍在协调,尚存在效率低、可靠性差等一系列待解决的问题,技术发展比较缓慢。由于人们对其未来比较难以把握,而且风险较大,因此只有少数眼光独到的人才会进行投资,处于此阶段的系统所能获得的人力、物力、财力的投入非常有限,遇到资源短缺的瓶颈。

【示例3.3】 婴儿期的无人驾驶汽车

如图 3.4 所示的无人驾驶汽车,以其无人驾驶的全新属性面世,目前其系统组件本身还不完善,其主动安全性、智能操控性等主要性能的可靠性还不高,与之配套的超系统组件如路面基础设施、高精度地图、传感器、相关法规等都还比较粗糙,所以这个系统的主动安全性、智能操控性等技术性能尚处于婴儿期阶段。

图 3.4 婴儿期的无人驾驶汽车

(2)成长期

在成长期,技术系统进入一个最具活力和动态性、快速良性循环的高速发展状态。原来系统中存在的各种问题逐步得到解决,效率和可靠性得到较大程度的提升,盈利前景已经明朗。人们认识到新系统的价值和市场潜力,乐于为系统的发展投入大量的人力、物力和财力,从而推动技术系统高速发展。技术系统不断扩展到新的应用领域并进入细分市场,可用资源得到充分开发,在该阶段开始了系统定制组件的高效生产,系统产量大幅增长,规模效应使成本不断降低。

【示例3.4】 成长期的混合动力汽车

如图 3.5 所示的混合动力汽车,以其兼顾燃油动力汽车和电动汽车原理的优势,成为新型清洁动力汽车中最具有产业化和市场化前景的车型,其能量效率、动力性、经济性和尾气排放等综合指标已经能够满足当前苛刻的要求,在欧美国家及日本已形成产业化,在我国也已起步,形成产业化指日可待。所以,这个系统的能量效率、动力性、经济性和尾气排放等技术性能正处于成长期阶段。

图 3.5　成长期的混合动力汽车

（3）成熟期

到了成熟期，技术系统已经趋于完善，需要消耗高度专业化的资源。一个或多个矛盾急剧升级，使系统成本、有害因素快速增长，受到超系统资源及法律的制约，达到了某种物理极限或者心理限制，阻碍了系统性价比的进一步提升。技术性能遭遇到发展瓶颈，所能做的工作主要是进行局部改进和完善，设计超系统组件来适应技术系统，对系统外观进行设计使其看起来千差万别，提供一些与主要功能大相径庭的附加功能，等等。

【示例 3.5】　成熟期的柴油卡车

如图 3.6 所示的柴油卡车，其热效率和经济性都比较好，爬坡性能、发动机可靠性和寿命等技术性能都优于汽油车，在西方国家市场占有率高。但是，在我国却遇到超系统中油品不佳、国家政策控制柴油资源、成本高、消费者不喜欢等诸多不利因素，其技术性能的进一步提升遇到了瓶颈。所以这个系统的技术性能处于成熟期。

图 3.6　成熟期的柴油卡车

（4）衰退期

进入衰退期，技术系统的性能已经发展到极限，社会对其的需求大幅下降，往后的发展要么基本维持在原有性能的基础上满足少量市场需求而存在，逐渐失去原来的主要功能变成娱乐、装饰、玩具、运动等装备；要么被具有新功能原理的技术系统所取代，彻底被挤出市场，而产品的功能则沿着另一条新的 S 曲线继续进化。例如，曾经热销的柯达胶卷相机，后来完全被数码相机所取代。

【示例 3.6】 衰退期的锅盖轮毂

如图 3.7 所示的锅盖轮毂,因为能满足车轮刚度等性能而被广泛使用在老轿车车轮上。后来一方面随着新材料和制造工艺技术的发展,铝合金的刚性已达到非常高的标准,另一方面为了追求动感、轮下减重以及刹车片的冷却,锅盖轮毂被各式铝合金轮毂所取代,只有在大众甲壳虫和奔驰 S 迈巴赫等复古风的车轮上才能见到,但采用的材质还是改进的铝合金。

图 3.7 衰退期的车轮锅盖轮毂

针对在 S 曲线四个不同阶段的技术性能,依据其本阶段进化的客观规律,采用如表 3.1 推荐的各种技术策略,可以使技术系统得到高效的发展。

表 3.1 S 曲线各阶段的推荐技术策略

所处 S 曲线的阶段	推荐的技术策略
婴儿期	* 识别和消除阻碍入市的瓶颈 * 采用已存在的基础设施和资源 * 与当前领先系统整合 * 明确超系统和物理局限 * 对系统做主体改变,甚至作用原理的变化 * 选择优势明显大于劣势的领域去发展 * 预测超系统
成长期	* 最优化改进系统 * 不断应用到新领域 * 添加组件来开发强大的功能 * 注重降低缺陷的折中解决方案 * 引用超系统组件为特定资源 * 不断拓宽用途 * 设立专门化系统资源
成熟期	* 寻找处于早期阶段的性能参数来发展 * 短期和中期:降低成本、开发服务子系统、美观设计 * 长期:改变系统或组件的作用原理 * 深度裁剪、整合另一个系统,转换到超系统
衰退期	* 寻找仍然具有竞争力的领域来发展 * 短期和中期:降低成本、开发服务子系统、改善设计 * 长期:改变系统或组件的作用原理 * 深度裁剪、整合另一个系统,转换到超系统

值得注意的是,一个技术系统的性能参数有许多,而且各个性能的发展周期差异很大。同一时刻,每一个性能参数都处在自己 S 曲线四个阶段中的某一个阶段,不同性能参数所处的阶段不尽相同。所以,可以针对不同的技术性能参数,参照表3.1 选择对应的技术策略,进行不同的改进和创新决策,这也正是技术系统具有多向发展潜力、可以此起彼伏不断向前进化的魅力所在。

【示例 3.7】 汽车的多个性能参数 S 曲线

如图 3.8 所示,目前汽车的最高速度受驾驶员视觉反应速度的物理极限和法规中路面速度的限制,已经达到成熟期阶段了,但是其他参数如安全性、操控性、燃油经济性等性能参数,则还处于成长期阶段。所以,可以针对不同的性能参数进行创新决策,促进产品往不同的方向发展。

3.2.2 技术成熟度预测

经典 TRIZ 不仅用性能参数的 S 曲线来描述技术系统的进化规律,而且还从专利等级、专利数量、经济收益等多个方面来揭示技术系统在 S 曲线四个阶段所表现出来的特点,如图 3.9 所示。

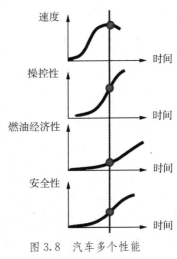

图 3.8 汽车多个性能
参数的 S 曲线

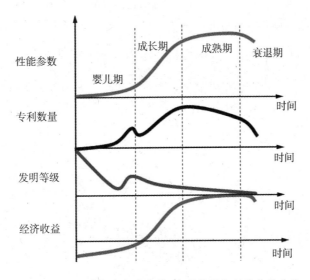

图 3.9 S 曲线对应的专利数量、发明等级和经济收益曲线

在婴儿期,性能参数的发展刚刚起步,完善非常缓慢;所产生的专利等级很高,但专利数量较少;在此阶段主要是风险投资,经济收益为负数。

在成长期,技术性能得到急速提升;所产生专利的等级开始下降,但专利数量出现上升;此阶段的经济收益快速上升并凸显出来。

在成熟期,技术性能水平达到最佳,此时仍会产生大量的专利,但专利等级会很低;此阶段的产品维持大批量低成本生产,获得巨额的经济收益。

到了衰退期,技术系统某项性能已达到极限,难以再有新的突破,其性能参数、专利等级、专利数量、经济收益四方面均呈现快速的下降趋势。

据此,可以有效了解和判断一个产品或行业所处的发展阶段,明确系统最具前景的技术方向,从而制定有效的产品策略和企业发展战略。所以,S曲线也被认为是产品技术成熟度的分析和预测曲线。

3.2.3 S曲线的跃迁

技术系统的进化过程,可以由市场来拉动,也可以靠技术去推动,还可以由设计进行驱动。如果没有这些推动,它将一直停留在当前的技术水平上;当这些力量产生作用时,技术系统可能会沿着某条S曲线向前进化,实现渐进式创新发展;还可能会从一条S曲线跳跃到另一条S曲线,进化为另一个技术系统,从而实现跨越式、破坏式的创新发展。

【示例3.8】 提高运输速度的S曲线跃迁

如图3.10所示,运输相关的各类技术系统,在近几个世纪的发展历程中,为提高运输速度,依靠新动力源的技术推动,沿着多条不同的S曲线跃迁进化。

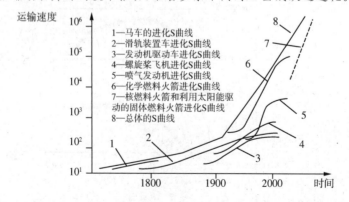

图3.10 提高运输速度的S曲线跃迁

对于企业而言,具有指导意义的是根据S曲线的阶段拐点和跃迁机会,制定合理的产品研发策略。S曲线表明,一个技术系统要依靠某一项核心技术而诞生,之后经过改善、成长使该技术逐渐成熟。在这期间,企业要有大量的投入。如果技术性能已成熟,即使增大投入也不会取得明显收益。此时,企业应转入研究技术系统的不同性能参数,预测各个性能参数当前的成熟度,针对多个性能所处S曲线不同阶段的特点进行判断,按照技术进化规律在多个可能的进化方向中进行决策,制定相应的短期、中期、长期的技术发展策略。

3.3 提高理想度进化趋势

经典 TRIZ 的提高理想度法则指出:所有系统都向理想度提高的方向发展。

理想度(Ideality),是经典 TRIZ 一个重要的基本概念,用来计算和衡量技术系统进化的程度。如式(3.1)所示,理想度 I 等于技术系统所有有用功能之和 $\sum F_u$ 除以所有有害功能 $\sum F_h$ 与成本 C 之和。

$$I = \frac{\sum F_u}{\sum F_h + C} \tag{3.1}$$

随着时间的变化,技术系统在不断地向着理想度最大化的方向发展。经典 TRIZ 认为,属于技术系统范畴的任何一种人工制造物(产品、工艺或技术),都是向着理想最终结果(IFR)进化的。最理想的技术系统是,有用功能无限大,有害功能和成本趋近零,也就是说它不消耗资源、没有有害功能,即没有质量、体积和面积,不存在物理实体,但工作的能力并未降低。换句话说,就是没有系统,却能保持和完成系统的功能。也就是功能可以无为而治,自然实现。

现代 TRIZ 借鉴价值工程的理念,采用产品价值 V(即性价比)来评价系统的理想度,如式(3.2)所示,产品价值 V 等于总功能值 $\sum F$ 除以总成本 $\sum C$ 。

$$V = \frac{\sum F}{\sum C} \tag{3.2}$$

由式(3.1)可以看出,要提高技术系统的理想度,即提高系统的性价比,可以沿着以下思路操作:

(1)增加技术系统的有用功能

实现方法包括：调整已有功能作用到恰当程度，增加系统功能的数量，实现自服务等。

【示例3.9】 手机通过增加有用功能提高理想度的进化

如图3.11所示，最初的手机只有打电话的功能，后来增加了发送和接收短信的功能，市场用户急速增长。再后来可以听音乐、玩游戏，尤其是智能化和网络化的发展，使目前的手机进化到集电话、照相机、摄像机、游戏机、闹钟、计算器、存储器、电视机、电脑、银行卡、营业厅等设备于一体，其功能状态呈几何级数膨胀。

图3.11 手机增加有用功能提高理想度的进化

(2)减少技术系统的有害功能

实现方法包括：降低有害作用的程度，预防和抑制有害功能的产生，将有害功能转移等。

【示例3.10】 汽车尾气排放控制提高理想度的进化

燃油动力汽车一直存在尾气排放污染环境的有害功能。我国机动车排放标准自1999年开始执行国Ⅰ标准，2002年开始执行国Ⅱ标准，随后，国Ⅲ、国Ⅳ标准也相继实施，目前执行国Ⅴ标准，从而促进了各种机动车产品不断向减少有害功能、提高理想度的方向发展。

(3)降低技术系统的成本

实现方法包括：减少资源的消耗；精简或优化结构，改进材料，改进工艺；剔除无效的功能；去除部分有用功能，或将其转移到超系统；充分利用现有资源或廉价资源实现有用功能等。

【示例3.11】 丰田汽车通过节约资源、降低成本提高理想度的进化

日本是一个自然资源贫乏的国家。1973年，伴随着第四次中东战争的爆发，世界经济遇到了第一次石油危机。对于石油资源几乎百分之百依赖进口的日本来说，对汽车的需求一落千丈。在此形势下，丰田汽车将新的起点瞄准在资源的有限性上,大力开展节省资源、节省能源、降低成本的技术革新,研究汽车轻量化技术,研制燃耗性能更加优越的汽车。为迎合各层次客户与日俱增的多样化需求,一次又一次地对产品进行了改型。不仅新款皇冠(CROWN)、日冕(CORONA)、花冠(COROL-LA)等轿车深受欢迎,如图 3.12 所示,1983 年推出的佳美(CAMRY)车系也成为继花冠之后最受欢迎的丰田大众车型。

图 3.12　丰田汽车节约资源降低成本提高理想度的进化

技术系统的某个性能参数沿着 S 曲线进化的过程,就是典型的步步提高理想度的进化过程。如图 3.13 所示,在婴儿期,系统在研发阶段,有用功能明显提升,而成本逐步降低,使理想度逐渐提高;在成长期的初期,技术系统在市场全面扩张,成本有所增加,但是系统的有用功能得到更快速的增加,使得理想度不断上升;接近成熟期时,成本得到控制并达到稳定,而有用功能还在扩展,系统得以继续提高理想度;到达成熟期

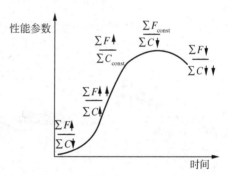

图 3.13　技术系统沿 S 曲线的理想度提升进化

后,有用功能基本稳定下来,而成本被不断控制、降低,所以理想度依然是提升的;到了衰退期,系统的有用功能减小,但同时成本大大降低,使得系统仍然保持理想度的继续提升。

3.4　向超系统进化趋势

经典 TRIZ 的向超系统进化法则指出:当技术系统发展得比较完善、理想度很高时,可以作为一个子系统向超系统进化,继续在超系统水平上发展。

实现向超系统的进化,就是要使技术系统与超系统组件集成为一个新系统,使

其沿着单系统向双系统,再向多系统集成,最后形成一个新的单系统趋势发展。现代 TRIZ 进一步细化了向超系统进化的各种操作路径,将其归纳为:增加性能参数值的差异性、增加主要功能的差异性、深度融合、增加集成系统数量、子系统剥离进化等。

3.4.1 增加性能参数差异性的进化

将技术系统与具有类似主要功能的超系统组件集成。集成系统的类型从同质性系统,到与技术系统至少有一项参数差异的系统,再到主要功能相似的不同竞争系统。

【示例 3.12】 来福手枪参数差异化向超系统的进化

如图 3.14 所示,来福手枪由一个膛线身管发展到同质的两个膛线身管集成,一次就可以发射两发子弹;后来发展到变参数的集成,如膛线身管与滑膛组合,以及不同口径的组合,可以射杀不同的对象;再进化到与竞争系统的集成——与榴弹发射管组合,既可以发射子弹,也可以发射榴弹。

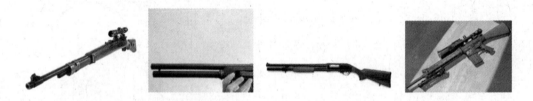

图 3.14　来福枪参数差异化向超系统的进化

3.4.2 增加主要功能差异性的进化

将技术系统与其他可以联合的不同主要功能的超系统组件集成。可联合的系统包括:主要功能对象相同的系统,包含在同一过程之中的系统,在同一状态或环境中使用的系统。

【示例 3.13】 香皂功能差异化向超系统的进化

如图 3.15 所示,沐浴用香皂的主要功能是去除人体肌肤上的污垢,当与去除污垢的沐浴海绵(其主要功能作用对象也是污垢)集成时,成为时尚的海绵香皂产品;当与同一沐浴过程之中的洗发产品集成时,成为二合一的洗发沐浴皂;当与同一水环境中使用的杀菌产品集成时,成为除菌香皂产品。

图 3.15　香皂功能差异化向超系统的进化

此外,对于同一状态或环境中的系统,可联合的空间非常大,例如瑞士军刀就联合了旅行过程中可能要使用到的诸多五金工具,城市街道环境中可以联合共享资源的各种交通设施、工具和商业广告等。

3.4.3　深度融合进化

将技术系统与超系统组件无缝对接集成。集成系统的类型从非关联的系统,到顺序关联的系统,再到部分裁剪的系统,最后到彻底裁剪的系统。

【示例 3.14】　手术针与线深度融合向超系统的进化

如图 3.16 所示,在最初的外科手术装备中,手术的针和线是分离的非关联系统;后来发展为线穿在针眼里的结构;再后来线与针的连接结构被部分裁剪,针头与线完全连接而不易分辨两者的连接结构;最后经过深度裁剪,针与线已经融为一体,完全看不出针了,只是在线的前端有一较硬金属层,在手术中起到针的作用。

图 3.16　手术针与线深度融合向超系统的进化

3.4.4　增加集成系统数量的进化

将技术系统与更多的超系统组件集成。集成系统的路径从单系统到双系统,再到多系统,最终进化到新的单系统。

【示例 3.15】 扳手集成向超系统的进化

如图 3.17 所示,一种固定扳手可以用于操作某一种规格型号的螺纹连接件;与另一种规格型号的扳手(超系统组件)集成发展为一个双头扳手系统,功能增强;集成多个规格型号的扳手进化为一个多用扳手,系统功能进一步提升,但复杂性也随之增加、操作和管理难度随之增大;当此系统进一步发展为一个新的单系统——活动扳手,则再次实现了向超系统的进化。

图 3.17 扳手集成向超系统的进化

3.4.5 子系统剥离进化

将某些组件分离出去,技术系统得到简化而向超系统进化,降低成本,增加可靠性。被剥离的组件独立为新的技术系统,成为超系统组件,独自进化发展。子系统剥离进化,可以看成是上述增加性能参数值的差异性、增加主要功能的差异性、深度融合、增加集成系统数量等向超系统进化方向的逆过程。

【示例 3.16】 飞机副油箱剥离向超系统的进化

如图 3.18 所示,副油箱本是远程飞机必备的子系统。但是战斗机为了隐身和减轻负荷的需要不能再携带副油箱,于是将其剥离出去,进化为空中加油机,而战斗机自身也得以进化。

图 3.18 飞机副油箱剥离向超系统的进化

技术系统向超系统进化形成一个新的技术系统后,具有了新的系统功能。这个新系统可以按照自身的发展规律、遵循各种进化趋势而发展。

3.5 增加协调性进化趋势

经典 TRIZ 的协调性法则指出：系统中所有组成部分协调一致，是技术系统在原理上有生命力的必要条件。在技术系统的进化中，子系统的匹配和不匹配交替出现，以改善性能，提高有用功能效果，或者补偿不理想的作用，减小有害功能。也就是说，技术系统各子系统之间、系统与超系统之间向着更加协调的方向发展进化。

现代 TRIZ 对增加协调性的进化已归纳出形状的协调、韵律的协调、材料的协调、动作的协调等多种途径的进化趋势。

3.5.1 形状的协调进化

形状的协调进化包括：相同的形状、自兼容的形状、兼容的形状、特殊的形状等的协调进化。根据功能或性能的协调需要，既可以从相同形状向特殊形状顺向进化，也可以从特殊形状向相同形状逆向进化。

【示例 3.17】 汽车座椅的形状协调进化

如图 3.19 所示，汽车的座椅形状需要与人身体形状相协调。源于马车的木板座凳，仅仅满足臀部和腰部的支撑需求；后来增加弹簧、替换内部填充物、使用表面布料更加昂贵的沙发座椅，与身体形状的协调性有所改善，提高了臀部和腰部的舒适性；源于 20 世纪初的分体式座椅，在形状上提高了转弯时对身体的包裹性；再到后来配备头枕的安全座椅，在形状上更好地与人体形状相协调，满足了保护头部、颈椎的安全要求。

图 3.19 汽车座椅的形状协调进化

3.5.2 韵律的协调进化

韵律的协调进化包括：相同的韵律、互补的韵律、特殊的韵律等的协调进化。根

据功能或性能的协调需要,可以从相同韵律向特殊韵律顺向变化,也可以从特殊韵律向相同韵律逆向变化。

【示例 3.18】 风扇的韵律协调进化

如图 3.20 所示,以往的风扇都是由匀速旋转的叶片连续地输出不变的风,吹久了容易让人疲劳甚至生病。后来逐渐发展出自然风、睡眠风等不同的变韵律模式,与人们的身体需求更加协调,产品更受用户欢迎。

图 3.20 风扇的韵律协调进化

3.5.3 材料的协调进化

材料的协调进化包括:相同的材料、相似的材料、惰性材料、变参数材料、反参数材料等的协调进化。根据功能或性能的协调需要,可以从相同材料向反参数材料顺向发展,也可以从反参数材料向相同材料逆向发展。

【示例 3.19】 移植心脏的材料协调进化

如图 3.21 所示,移植心脏的发展从人工心脏(惰性材料)到捐赠心脏(类似材料),再到克隆心脏(相同材料)不断进化的。

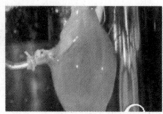

图 3.21 手术输血和移植心脏的材料协调进化

3.5.4 动作的协调进化

动作的协调进化包括：从零维的点作用到一维的线作用，再到二维的面作用和三维的体作用的协调发展。根据功能或性能的协调需要，可以从零维向三维作用顺向发展，或者从三维向零维作用反向发展。

【示例3.20】 电子数据共享方式协调的进化

如图3.22所示，电子数据的共享需要访问方和被访问方相互协调，共享的方式经历了个人计算机（无法共享，零维）—共享电脑（连接线，一维）—因特网（互联线，二维）—无线网（物理空间，三维）的进化历程。

图 3.22 电子数据共享方式协调的进化

技术系统通过增加协调性进化到高级阶段的特征时，子系统充分发挥其功能，各参数之间有目的地相互协调或反协调，能够实现动态调整和配合。

3.6 增加动态性进化趋势和增加可控性进化趋势

经典 TRIZ 的动态化进化法则指出：技术系统应该沿着结构柔性、可移动性、可控制性增加的方向进化。现代 TRIZ 进一步细化了增加动态性和增加可控性进化趋势。

增加技术系统动态性的进化趋势：增加物质的动态性、增加能量场的动态性、增加技术系统功能的动态性、增加技术系统的可移动性、增加技术系统的自由度等。

3.6.1 增加物质动态化的进化

对于技术系统的每一种物质，当按照图3.23所示的顺序变化时，其动态性逐渐增强。例如切削加工刀具的进化，由钢制单片切刀向着剪切、线切割、水切割、等离子切割、激光切割工具的方向发展。

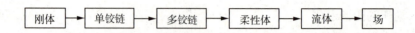

图 3.23　增加物质的动态性

3.6.2　增加能量场动态化的进化

对于技术系统的每一个能量场,当按照图 3.24 所示的顺序变化时,其动态性逐渐增强。例如,微波炉的进化,首先是利用磁控管在高压电源激励下连续产生恒定的微波场,经过较长时间加热食物。后来变频微波炉通过调整连续输出的微波能量,产生微波梯度场、变化场、脉冲场等,满足不同食物对不同火力的要求,实现烧烤食物和除霜。目前,智能化的微波炉通过采用微电脑控制技术和传感器感测技术,使微波发生器产生各类灵活动态化的微波场,实现微波炉的智能化加热烹调。

图 3.24　增加场的动态性

3.6.3　增加技术系统功能动态化的进化

对于技术系统,当按照图 3.25 所示增加功能时,其动态性逐渐增强。例如,垃圾收运车由单一运输的普通车辆发展为同时具备装载垃圾、运输垃圾、卸载垃圾等多功能的车辆,其动态性明显增强。

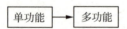

图 3.25　增加系统功能的动态性

3.6.4　增加技术系统可移动性的进化

对于技术系统,当按照图 3.26 所示的顺序增加可移动性时,其动态性逐渐增强。例如,电话机首先是一个固定的方盒子,然后发展为带有线话筒的座机,然后是可以近距离分离移动的无线子母机,现在是可随意移动的手机。

图 3.26　增加系统的可移动性

3.6.5　增加技术系统自由度的进化

对于技术系统,当按照图 3.27 所示的顺序增加自由度时,其动态性逐渐增强。例如,测量距离的工具,由直的钢尺到折叠尺、游标卡尺、卷尺、皮尺,再到激光测量仪,沿着动态性不断增强的方向发展。

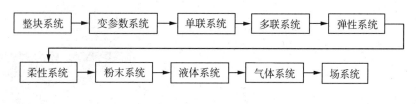

图 3.27　增加系统的自由度

3.6.6　增加技术系统可控性的进化

增加技术系统可控性的进化趋势包括:提高控制的等级和增加可控状态的数量。

(1)提高系统的控制等级

当技术系统按照图 3.28 所示的顺序改变控制方式时,其可控性逐渐增强。例如城市的街灯,为加强对其控制,经历了专人控制开关—定时控制—感光控制—光度自动调节控制的发展过程。

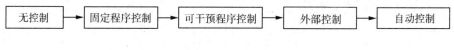

图 3.28　提高系统的控制等级

(2)增加系统可控状态的数量

当技术系统按照图 3.29 所示的顺序变化时,其可控性逐渐增强。例如,汽车驾驶座位置的控制,经历了固定不可调到多个前后位置可调、前后位置连续可调,再到多方向(如前后、高低、俯仰)位置可调的进化过程。

若增加了技术系统的动态性,则可以控制的可变对象增加了,即同时提升了技术系统的可控性。

图 3.29 增加系统可控状态的数量

【示例 3.21】 管道机器人增加动态性和可控性的进化

斯坦福大学研发的新型软体机器人 KISS(如图 3.30 所示,2017 年 8 月 19 日刊登在美国《科学·机器人学》期刊上),与以往各类管道机器人不同,其可控状态的数量非常巨大。该机器人外层为管状充气塑料,内部有一条柔软的合金驱动体,通过调节充入空气的量和流向控制其动态化生长,其可以延展伸长到原来的几倍,还可主动控制延伸方向,实现转弯和自动避障。

图 3.30 管道机器人 KISS

3.7 其他进化趋势

3.7.1 完备性进化趋势

经典 TRIZ 的完备性进化法则指出:技术系统具备基本部分并具有最低限度工作能力,是该系统在原理上具有生命力的必要条件。一个完备的技术系统应当包含四个基本部分(子系统):动力系统、传动系统、执行系统(亦称工作系统)、控制系统,如图 3.31 所示。

新的技术系统通常没有足够的能力独立地实现主要功能,往往要依赖超系统的资源。在进化的过程中,技术系统可以逐步获得资源,并完善以上四个子系统,如图

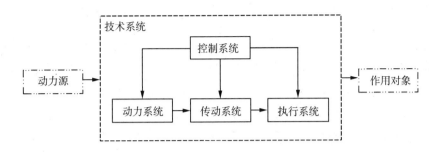

图 3.31 一个完备技术系统的组成

3.32所示。技术系统中首先必须有的子系统是执行系统,因为这是技术系统与超系统之间产生相互作用而实现系统功能的组件。然后依次是传动系统、动力系统和控制系统。传动系统将能量传输到执行系统,按照执行系统的特性进行调整;动力系统将能量转换成技术系统所需要的使用形式;控制系统协调各子系统之间、系统与超系统之间的协调操作。为实现对技术系统的控制,四个子系统必须至少有一个组件是可控的。

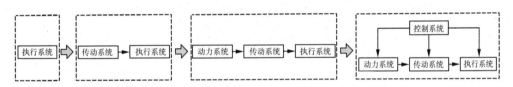

图 3.32 技术系统的完备性进化

【示例 3.22】 运输船的完备性进化

如图 3.33 所示,最原始的运输船只有执行系统——船体,靠人工撑篙划桨工作;后来增加了简单的传动系统——摇橹,实现了省力的目的;再后来加入了动力系统——帆,改进了配套的传动系统,省力又提速,增加了控制系统——风力操舵装置,整个技术系统就完备了,运输能力大大增强;接下来,随着动力机械和控制技术的大力发展,采用了燃油发动机,四个子系统都得到全面发展,整个运输船进化成了一个极其复杂的技术系统。

图 3.33 运输船的完备性进化

技术系统的完备性进化,可以减少对超系统的依赖,减少人工的干预和降低劳动强度。此外,技术系统的完备性进化方向可以是逆向的,即由完备的系统向不完备系统进化。无论沿哪个方向进化,执行系统的功能属性是没有改变的,否则就不是原有技术系统的同一性能参数条件下的进化了。

3.7.2 流增强进化趋势

经典 TRIZ 的能量传递法则指出:能量传递到系统的各个部分,是技术系统在原理上具有生命力的必要条件。能量从动力系统传递到执行系统时,如图 3.34 所示,如果技术系统的某个组件接收不到能量,它就不能产生效用,那么整个技术系统就不能执行其有用功能,或者所实现的有用功能不足。要使技术系统的某个组件具有可控性,必须提供在该组件和控制系统之间能量传递的通路。

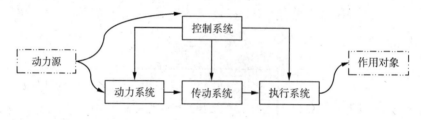

图 3.34　技术系统能量传递法则

现代 TRIZ 将能量传递的进化拓展到能量流、物质流和信息流的传递进化,形成了流增强进化趋势,提出了流增强的措施。在物质流、能量流、信息流在技术系统的传递过程中,要尽量减少流的转换(形式和次数),使流的途经路径最短、损失最小,以提高流的传递效率。

【示例3.23】 机床主轴的能量流增强进化

如图 3.35 所示,以往的机床主轴通常由电机驱动,经过减速机构带动执行机构工作,能量传递路线长、摩擦损耗较多、运动可控性不强;后来发展到由电机直接驱动,能量传递路线明显缩短、损耗减少、运动可控性增强;目前进化成为电主轴,主轴和电机合二为一,电机能量直接给予主轴,能量流的效率最高。

3.7.3 向微观级进化趋势

经典 TRIZ 的向微观级进化法则指出:技术系统的工作机构首先是在宏观水平上发展的,而后将在微观水平上进化。

图 3.35　机床主轴的能量流增强进化

　　技术系统首先在宏观尺度发展,例如车床的车刀、火车的轮子、飞机的螺旋桨等机械系统中的工作机构,在进化的前期阶段都是看得见的宏观物体。这些工作机构通常就是从一种宏观形式发展为另一种宏观形式,不过更完善些罢了。发展一定时间后,系统既要保留自己的功能,又要进行根本的改变,在宏观尺度上难以再持续发展,于是系统的工作机构开始向微观尺度发展。工作不再采用宏观物体,而是由分子、原子、离子、电子等微观粒子来完成,利用不同的效应来获得更佳的性能,效率更高,耗能更少,理想度得到提高。

　　正如施一公在未来论坛 2016 年会上演讲"生命科学认知的极限"时所说的,这个世界是超微观世界决定微观世界,微观世界决定宏观世界。人类的认知极限就在于,我们是一堆原子,我们处在宏观世界,但希望隔着两个世界去看超微观世界。

【示例 3.24】　金属加工刀具向微观级的进化

　　如图 3.36 所示,金属加工刀具最开始是在宏观尺度上发展,由钢制连续刚体的车刀,到小块多层的铣刀,再到磨粒组成的磨头、粉末的抛光盘,不断发展进化。后来发展到微观尺度,从分子级的水切割,到原子级的等离子切割,再到基本粒子级的激光切割等,沿着尺度越来越小的方向进化发展。

图 3.36　金属加工刀具向微观级的进化

3.7.4 子系统非均衡进化趋势

经典 TRIZ 的子系统非均衡进化法则指出：技术系统各个组成部分的发展总是不均衡的。系统越复杂，则子系统进化越不均衡。

当某个性能参数在 S 曲线的婴儿期进化时，技术系统主要集中在执行系统的发展；在成长期主要集中在完善其辅助功能的子系统；而成熟期及衰退期则在与主要功能无关的功能子系统进化。任何技术系统所包含的每个子系统都是沿着自身性能参数的 S 曲线发展的，所以进化不可能同步、均衡地进行。而且，子系统的不均衡发展，还将导致技术系统的多个性能参数在不同的时间点到达自己的极限。例如图3.8 所示汽车的 4 个性能参数，分别受多个不同的子系统影响，而各子系统发展的非均衡性，导致这些性能参数的进化周期、同一时刻所处的进化阶段都是不一致的。

这种子系统非均衡的进化，常常导致子系统之间出现矛盾，此时，需要考虑通过系统的持续改进来消除矛盾，这正是促进技术系统进化的动力所在。特别是要对系统中最不理想的子系统进行改进，而不是只专注于系统中核心组件的发展。

【示例 3.25】 汽车子系统的非均衡进化

如图 3.37 所示，汽车在刚出现的时候，除了一台蒸汽锅炉之外，车身、座驾、车轮等子系统均来自马车，这些子系统与蒸汽锅炉之间非常不协调，汽车动力严重不足。于是，动力系统的进化成为首要发展需要，直到燃油发动机的诞生。此时，子系统之间新的矛盾又出现了，马车的车架、车身已经难以适应发动机的发展，于是发动机的进化节奏变慢，而汽车的底盘、车身分别得到快速的发展。如今，燃油发动机、底盘、车身等子系统的发展都已经非常缓慢，而制动系统（如 ABS 防抱死制动系统）、控制系统（如电子稳定控制、GPS 定位等）却在迅速发展。可见，汽车的发展过程，就是各子系统轮流快速发展、非均衡进化的过程。

图 3.37　汽车子系统的非均衡进化

技术系统的进化是满足市场需要、实现系统功能的技术发展过程，进化是按照客观规律进行的,不管人们是否认识到了它的存在。技术系统的进化趋势是目前TRIZ研究的主要内容之一,新的进化趋势不断被提出、归纳,整个进化趋势的理论体系还在不断发展。如果认识和掌握了这些进化趋势,有利于设计者优化技术系统,对其子系统进行持续改进,提高整个技术系统的理想度,开发出更先进的产品,从而提升产品的竞争力。

3.8 TRIZ & Me 实验与讨论——某产品的进化历史与趋势分析

3.8.1 实验目的

①锻炼运用 TRIZ 技术系统相关概念分析研究对象。

②调研产品发展历史,运用 TRIZ 进化理论分析其过程。

③学习运用 TRIZ 进化理论预测产品的未来发展趋势。

3.8.2 实验准备

①阅读本章内容,完成课堂学习。

②组建实验小组。

③配备一台互联网终端机。

④选择身边的某个产品(如共享单车)。

3.8.3 实验内容与步骤

①分析并描述该产品的技术系统、超系统和子系统。

_____

_____

_____

_____

_____

②调研并记录该技术系统的发展历史。

_____

_____

_____

_____

_____

③分析其历史发展过程验证了哪些技术进化规律（含分析过程）。

_____

_____

_____

_____

_____

_____

④对照2～3条TRIZ技术进化趋势，分析预测该技术系统未来3～5年的发展趋势。

_____

_____

_____

_____

_____

_____

_____

3.8.4　实验总结

_____

_____

_____

_____

_____

_____

3.8.5　实验评价

实验小组成员及组内评价：_____

_____

_____

_____

3.9　习　题

①什么是技术系统？它与超系统、子系统是怎样的关系？

②S曲线是怎样描述技术系统的发展的？对于企业而言，S曲线各个阶段的进化规律有何指导意义？

③理想的技术系统是怎样的系统？如何提高其理想度？

④分别举例说明技术系统如何向超系统、向微观级、向完备性方向进化。

⑤技术系统增加协调性的进化可以从哪些方面来实现？

⑥技术系统增加动态性和可控性是怎样的关系？

⑦增加技术系统动态性的措施有哪些？

⑧增加技术系统可控性的措施有哪些？

⑨技术系统的子系统进化与技术系统向超系统进化有怎样的关联？

04

第 4 章

功能分析与裁剪法

4.1 功能概述

功能分析是现代 TRIZ 中一个重要的系统分析工具,是现代 TRIZ 的重要组成部分,是实现功能创新的重要方法,是实现产品创新的核心技术。通过对技术系统进行功能分析,能为后续的功能裁剪、因果链分析以及物-场分析等打下基础。本章主要介绍功能分析与裁剪法的基本理论与方法。

19 世纪 40 年代,美国通用电气公司的工程师迈尔斯通过研究石棉板的替代材料,首先提出了"功能"的概念。他认为顾客购买的不是产品本身,而是产品的功能。产品是功能的载体,功能是产品的核心价值。任何一个不具有有用功能的产品是无法售出的。

如第 3 章所述,功能没有统一的定义。现代 TRIZ 认为:一个组件改变或者保持了作用对象的某个参数,即为该组件所实现的功能。功能必须具备三个条件:一是功能载体和功能受体都是组件;二是功能载体与功能受体之间必须有相互作用,即二者必须相互接触;三是功能对象的参数应该被这个相互作用改变或者保持。三个条件缺一不可。例如:电线的功能是传输电流,功能载体为电线,功能受体为电流,电流在电线中传导,电流的位置发生改变。空调的功能是加热或冷却空气,其受体空气的温度发生变化,即升高或降低。

(1)功能描述

功能描述是对技术系统具有的功能进行形象表达,TRIZ 的不同学术流派对功能有不同的表达方式。目前两种主流的表达方式是:V+O(动词+对象)和 V+O+P(动词+对象+被改变的参数),如图 4.1 所示。功能载体是执行功能的组件,箭头表示功能载体对功能受体的作用方向,功能受体是指由于功能载体的作用而使某个参数发生了改变的组件。参数是指组件可以调节、测量的某个属性,常用参数可参见第 7 章表 7.1 的通用工程参数。

本文采用 V+O 的表达形式,即"动词+对象"的形式来描述功能。动词用来表示功能载体对功能受体的作用,为及物动词,应简练、准确并具有高度概括性。表 4.1 列出了 35 个代表性动词,而实际上能使用的动词远远不止这些,因此在进行功能描述时,组件之间的相互作用也可以用其他的动词进行描述。对象代表功能受

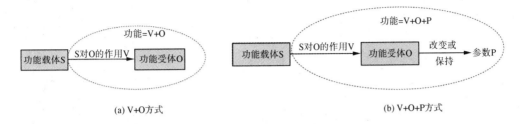

(a) V+O方式

(b) V+O+P方式

图 4.1　功能的表达方式

体,尽量采用可测定的词汇。功能描述语言尽量简洁、准确,例如签字笔的功能为产生墨迹,椅子的功能是支撑人。

表 4.1　功能描述代表性动词

动词	动词	动词	动词	动词
吸收	集中	稀释	保持	保护
积累	凝结	干燥	连接	提纯
弯曲	约束	蒸发	融化	消除
分解	冷却	扩张	混合	抵制
相变	沉积	提取	移动	旋转
清洁	破坏	冻结	定向	分离
压缩	检测	加热	产生	振动

功能描述时,应采用本质描述,而不是直觉描述。同时,不能使用否定词"不"。例如陶瓷是绝缘体,陶瓷的功能不能描述为陶瓷不能传导电流,应该为陶瓷阻碍电流;河堤缺口的功能不能描述为河堤缺口不能阻止河水,而应该描述为河堤缺口引导河水。

为了更加形象地进行功能分析,可以对功能采用图形化描述,如图 4.2 所示。

(a) 空调机的功能描述　　　　　　　(b) 陶瓷绝缘的功能描述

图 4.2　功能的图形化描述实例

【示例 4.1】　电吹风的功能描述

对于电吹风的功能,第一时间可能会想到吹干头发或者吹干衣服。事实上,电吹风还可以用来除尘、辅助去除广告贴等。那么电吹风的功能到底是什么呢?电吹风工作的本质是促使空气移动,因此电吹风的功能应描述为移动空气。

（2）功能的分类

根据接近还是背离预期目标，功能分为有用功能和有害功能。有用功能是指功能载体对功能受体的作用是按预期目标改变作用对象的参数。按照接近预期目标的程度，有用功能又分为充分功能、不足功能和过度功能。功能所达到的水平与期望值一致时，称其为充分功能；功能所达到的水平低于期望值时，称为不足功能；功能所达到的水平高于期望值时，称为过度功能。有害功能是指功能载体对功能受体的作用背离预期目标，或者出现了不希望有的干扰或破坏作用。有害功能是存在于技术系统的问题之一，可采用功能分析或因果分析方法，找出其所在位置，再利用裁剪法对相关组件进行裁剪，达到优化技术系统功能的目的。

技术系统的功能可能有多个，根据其重要程度，分为主要功能、辅助功能和附加功能。其中，为达到创建或设计该系统的目的而必须具有的功能，称为主要功能。主要功能的载体是技术系统本身的组件，其功能受体是系统的目标组件（超系统中的组件）。技术系统内部各组件之间具有辅助或支持主要功能实现的功能，称为辅助功能，其功能载体和功能受体都是技术系统内部组件。在超系统中，技术系统的功能作用对象也可能有多个。如果系统的功能作用对象不是系统目标组件，而是超系统中的其他组件，则称该功能为系统的附加功能。

根据功能的性质，还可将其分为使用功能和美学功能。根据用户需求，也可分为必要功能、多余功能和不足功能，等等。

【示例4.2】 台灯的有用功能分析

台灯的主要功能为发光，为使用者在光线不足的情况下提供足够亮的光线，这个功能是有用功能。如果台灯提供的光线足够，使用者能够正常进行学习或工作，则发光功能为充分功能；如果台灯提供的光线不够亮，则发光功能为不足功能；如果台灯提供的光线太亮令使用者感到刺眼，则发光功能为过度功能。

【示例4.3】 白炽灯的有害功能分析并进行改进

白炽灯将灯丝通电加热到白炽状态，利用热辐射发出可见光。在发光时，白炽灯会产生热，这将消耗能量，因此产生热这个功能为有害功能。具有产生热这一有害功能的组件为灯丝，因此围绕灯丝发热进行改进，得到新一代产品LED灯。LED灯利用发光二极管，将电能直接转化为可见光，发热量大大减少。白光LED灯的能耗仅为白炽灯的1/10。

【示例4.4】 对电吹风的主要功能、辅助功能和附加功能进行分析

如前所述,电吹风的主要功能是移动空气。当使用电吹风时可选择热风挡,通过加热电阻丝达到加热空气的目的,而电阻丝是技术系统内部组件,因此加热电阻丝是辅助功能。电吹风手柄的功能是支撑方便,其作用对象是使用者,该功能是附加功能。

4.2 功能分析

功能分析是从实现功能的角度出发,以技术系统为研究对象,确定技术系统及超系统的组成,明确技术系统及其各组件的功能、组件间的相互作用关系,绘制技术系统的功能模型,最后全面地分析技术系统中存在的问题,从而寻找有效的解决办法,提升产品质量与价值。

功能分析的过程分为三个步骤:组件分析、相互作用分析和功能建模。

4.2.1 组件分析

组件分析是从构成技术系统的组件入手,分析技术系统的组件组成,包括分析系统组件、子系统组件以及与系统组件发生相互作用的超系统组件的组成。可通过建立如图 4.3(a)或(b)所示格式的系统组件列表来进行分析。

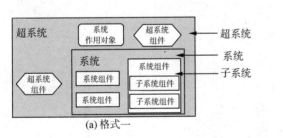

图 4.3 系统组件列表格式

在技术系统的不同生命周期阶段,超系统将有所不同。因此,超系统组件的分析必须根据系统的实际应用情况来确定,同时还应以欲解决的问题为出发点,从中寻找合适的超系统组件。典型的超系统组件有:生产阶段主要包括设备、原料、生产场地等;使用阶段主要包括作用对象、消费者、能量源、与对象相互作用的其他系统等;储存和运输阶段主要包括交通手段、包装、仓库、储存方式等;与技术系统作用的外界环境主要包括空气、水、灰尘、热场、重力场等。

【示例4.5】 分析签字笔的超系统

正在使用的签字笔,其超系统组件有作用对象纸张、使用者的手、空气等。处于进入超市销售状态的签字笔,其超系统组件有作用对象货架、将签字笔摆上货架的售货员和采购者,等等。

组件分析包括组件拆分和建立组件模型两个步骤:

(1)组件拆分

组件分析的第一步是组件拆分。在组件拆分过程中,应从超系统、系统和子系统三个层次对技术系统进行拆分。首先根据技术系统实际应用情况,确定系统的作用对象和超系统其他组件;然后对技术系统进行组件拆分,如果某个系统组件是由若干组件组成的子系统,那么应将该组件进一步拆分,得到若干子系统组件;依此类推,逐级向下拆分出所有组件。

对存在问题的技术系统进行组件分析时,如果将技术系统所有的组件进行拆分,会使组件分析变得很繁琐且费时,因此可根据分析目的和需要选择合适的层级。

【示例4.6】 组件拆分的层级

以签字笔为研究对象,如图4.4所示,其组件层级可以为笔套和笔芯。若笔套出现问题,则拆分层级为笔杆、尖套和笔夹;若笔芯出现问题,则拆分层级为球珠、笔尖、墨水、密封油和储墨管;若笔杆出现问题,则拆分层级为笔杆体、防滑套和尾塞。

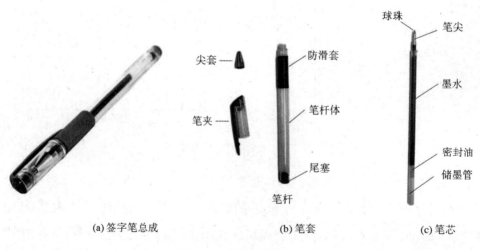

(a)签字笔总成　　　　　　(b)笔套　　　　　　(c)笔芯

图4.4 签字笔组件拆分

(2)建立组件模型

对技术系统进行组件拆分后,建立组件模型。组件模型应列出系统作用对象、系统组件、子系统组件以及和系统组件发生作用的超系统组件,并表示技术系统各组件间的层次关系。组件模型如图4.5所示,为区别组件类型,通常用矩形框表示系统组件,用带圆角的矩形框表示系统作用对象,用六边形框表示其他超系统组件。

建立组件模型应遵循以下基本原则:

①如果系统中存在多个相同的组件,可将它们视为一个组件。

②适当选择组件层级:如果某个组件需要详细分析,可将该组件向更低一个层级进行拆分。

③超系统组件包括系统作用对象以及系统组件发生作用的超系统组件。

对使用中的签字笔进行系统组件分析,系统的作用对象为纸张,超系统组件有作用者的手等。得到签字笔的组件模型如图4.6所示。

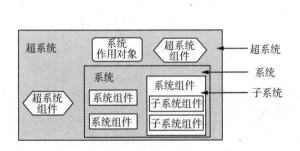

图 4.5　组件模型模板

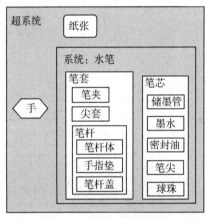

图 4.6　签字笔的组件模型

4.2.2　相互作用分析

在组件拆分的基础上,进一步分析各组件之间的相互作用及其产生的功能。

组件之间的相互作用由两组件直接接触而产生,分为物质作用与场作用。根据特性不同,相互作用可分为有用作用和有害作用。有用作用又分为充分作用、

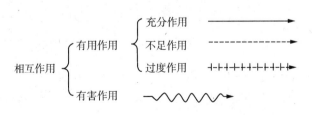

图 4.7　相互作用的图形化描述

不足作用和过度作用。分析过程中,必须要准确说明组件间作用情况,才能真正找到解决问题的入手点。

相互作用分析的模板通常采用如图 4.8 所示的作用矩阵或如表 4.2 所示的作用表表示。

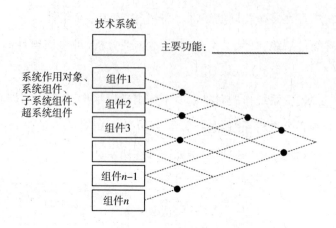

图 4.8 相互作用分析模板——作用矩阵

表 4.2 相互作用分析模板——作用表

存在相互作用的组件对		相互作用描述						
名称	图片	作用	作用属性					
			充分	不足	过度	中性	有害
A↕B (图)								
杯子→A→水(例)	(水杯图)	A	存储	√				

以作用矩阵形式建立系统的相互作用分析的步骤为:

①根据组件拆分的结果,将各组件列于作用矩阵第 1 列。

②从组件出发,绘制两两相交的网格线。

③依次分析两组件之间是否存在作用关系,如果存在作用,则在网格线上的相

应位置标记实心点。

④分析两组件之间存在的相互作用关系,列于作用表模型中。

在进行相互作用分析时,应全面考虑每个组件与其他组件之间的所有作用关系,包括物质作用和场作用,不能遗漏。

以使用中的签字笔为例,其组件功能列表如表 4.3 所示,以矩阵形式建立其相互作用分析,如图 4.9 所示。

表 4.3　签字笔的组件功能列表

序号	组件名称	功能描述	序号	组件名称	功能描述
1	尖套	连接笔杆	8	笔尖	连接储墨管
		固定储墨管			支撑球珠
2	笔杆体	支撑防滑垫套	9	墨水	引导墨水
		支撑储墨管			形成墨迹
3	防滑套	支撑手	10	密封油	密封墨水
4	尾塞	连接笔杆体	11	手	支撑笔杆体
5	笔夹	连接笔杆体			夹持防滑套
6	储墨管	存储墨水			固定纸张
		存储密封油	12	纸张	承载墨迹
7	球珠	引导墨水			

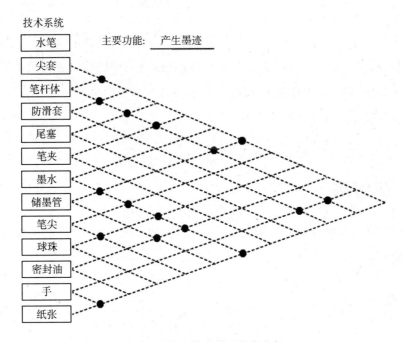

图 4.9　签字笔的相互作用分析

4.2.3　功能建模

功能建模是指在系统相互作用分析的基础上,采用规范的图形化描述方式描述组件间的功能关系,建立展示各组件间所有功能关系的系统功能模型。功能模型是反映技术系统及其组件功能的模型。

例如签字笔的功能模型如图 4.10 所示。

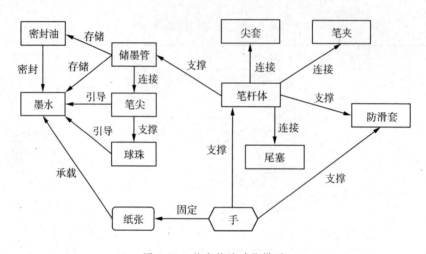

图 4.10　签字笔的功能模型

功能分析能帮助设计者避开技术系统的细节结构,从功能作用的角度理解技术系统,为产品改进和设计做好准备。系统功能建模过程中能明确系统之中的有害作用和不足作用,帮助工程技术人员快速、客观地找到系统的薄弱环节,为后续系统的组件裁剪和系统改进提供重要参考。

4.3　裁剪法

根据产品进化定律,产品朝着先复杂后简单的方向进化,而产品简化可以通过裁剪法实现。

4.3.1　裁剪法定义

裁剪法是现代 TRIZ 中一种分析问题的工具,是指裁剪掉技术系统中价值较低的组件,但保留该组件的有用功能,从而改善技术系统的方法。

4.3.2　裁剪对象的选择

在裁剪法实施过程中,首先要确定系统中哪些组件可以被裁剪。裁剪对象的选择可以按以下原则进行:

①通常选择价值最低的组件,如辅助功能组件、功能与其他组件功能相同的组件、具有有害功能的组件等。

②如果希望降低技术系统的成本,则裁剪系统中成本最高的组件;如果希望降低系统的复杂度,则裁剪系统中复杂度最高的组件。

③如果无法对被裁剪对象的功能进行再分配,则不能裁剪掉该组件。

④超系统组件不能作为裁剪对象。

4.3.3　裁剪规则

当裁剪对象确定后,如何成功裁剪问题组件,并使得有用功能得到重新分配,取决于裁剪规则的选择,裁剪规则共有四种。

裁剪规则一:组件 A 的作用对象组件 B 若不存在了,不再需要组件 A 的作用,则组件 A 可以被裁剪掉。

【示例 4.7】　裁剪规则一应用实例

以自行车的轮胎为例,轮胎通常具有内胎,用以存储空气,对行驶中的自行车实现减震功能。该例中,组件 A 为内胎,组件 B 为空气。通过给内胎打气,实现减震功能,但也增加了打气的麻烦,甚至可能出现爆胎。对于这一问题,目前流行的共享单车之一摩拜单车采用了免充气轮胎,即组件 B 空气不存在了,则存储空气的内胎可以被裁剪掉,减震这一有用功能由免充气轮胎实现,如图 4.11 所示。

图 4.11　裁剪规则一及实例

裁剪规则二:组件 B 能自我完成组件 A 的功能,则组件 A 可以被裁剪掉。

【示例 4.8】　裁剪规则二应用实例

以台式电脑的机箱为例,机箱部件通过螺钉连接,即组件 A 为螺钉,组件 B 为机箱部件。如果将机箱部件的连接方式设计为卡扣连接,则部件间可自行连接,组件 A 螺钉可以被裁剪掉,连接这一有用功能由机箱部件自行实现,如图 4.12 所示。

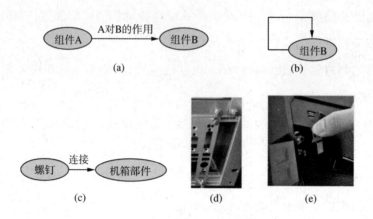

图 4.12　裁剪规则二及实例

裁剪规则三:技术系统或超系统中其他组件可以完成组件 A 的功能,则组件 A 可以被裁剪掉。

【示例 4.9】　裁剪规则三应用实例

以杯子为例,杯子的把手具有隔离热量的功能,即组件 A 为把手,组件 B 为热量。由于杯身也具有隔离热量的功能,因此组件 A 把手可以被裁剪掉,隔热这一有用功能由杯身实现,如图 4.13 所示。

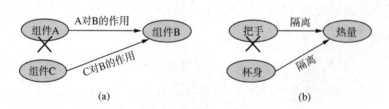

图 4.13　裁剪规则三及实例

裁剪规则四:技术系统的新添组件可以完成组件 A 的功能,则组件 A 可以被裁剪掉。

【示例 4.10】　裁剪规则四应用实例

以运动鞋为例,运动鞋通常运用鞋带调节鞋子的松紧程度,但系鞋带对儿童来讲有一定困难。引入魔术贴这个新组件,可以帮助儿童轻松调节鞋子的松紧程度,因此鞋带可以被裁剪掉,调节鞋子这一有用功能由新组件魔术贴实现,如图 4.14 所示。

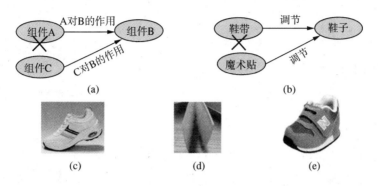

图 4.14 裁剪规则四及实例

4.3.4 裁剪法的实施步骤

对技术系统功能模型进行裁剪的一般步骤如下：

①建立技术系统的功能模型。在构建功能模型的过程中，核心内容是定义功能和划分组件。

②确定裁剪对象。对已建立的技术系统功能模型，根据价值工程方法，选择功能价值较低、有害、作用不足或作用过度的组件，或直接确定出现问题的组件作为裁剪对象。

③选择裁剪规则。裁剪对象确定后，能否实现成功的裁剪，还要考虑有用功能的重新分配问题，具体的实施过程需根据实际的功能作用关系选择裁剪规则，并确定如何保留被裁剪组件的功能。

④绘制技术系统改进后的功能模型。通过裁剪，构建新的功能模型。

对技术系统实施裁剪，可简化和改善系统结构，降低技术系统的组件成本；优化功能结构、合理布局系统架构；消除系统中某些组件的有害功能、过度功能或是重复功能，从而提高系统的理想度。在企业实施专利战略过程中，裁剪法也是进行专利规避的重要手段，可使有用功能得以保留和加强，降低成本，促使企业产生新的设计方案。

4.4 应用实例

功能分析与裁剪法是非常重要的分析问题的工具，为了帮助读者加深理解，通过以下案例，将本章的内容贯穿起来。

（1）问题描述

如图 4.15 所示的旋转座椅，脚轮在地面上来回
滚动，时常划伤地面。

（2）组件分析

设计椅子的目的是承载人，支撑人体是其主要
功能。以旋转座椅为研究的技术系统，其系统组件
包括椅背、扶手、椅座、椅脚、脚轮和调节装置。使用
中的座椅其超系统组件有系统目标组件人体、地面
等。根据以上分析创建旋转座椅组件模型，如图
4.16 所示。

图 4.15　旋转座椅

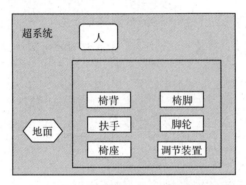

图 4.16　旋转座椅组件模型

（3）相互作用分析

详细分析组件之间的接触关系，并绘制系统的相互作用关系图，如图 4.17 所示。
列出表 4.4 所示的系统组件功能列表。

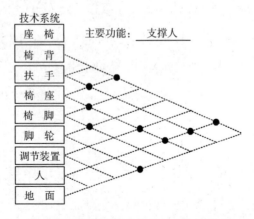

图 4.17　旋转座椅组件的相互作用关系

表 4.4 旋转座椅组件功能列表

序号	组件名称	功能描述	功能类型	序号	组件名称	功能描述	功能类型
1	椅背	支撑人	正常	4	脚轮	划伤地面	有害
2	椅座	支撑人	正常			支撑椅脚	充分
		支撑椅背	正常	5	扶手	支撑人	充分
		支撑扶手	正常	6	调节装置	调节椅座	充分
3	椅脚	支撑椅座	正常	7	地面	支撑脚轮	充分

(4)建立功能模型

采用图形化方式建立系统的功能模型,如图 4.18 所示。

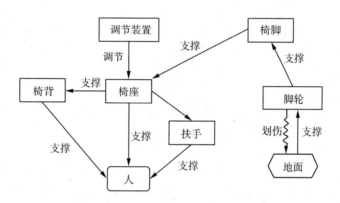

图 4.18 旋转座椅功能模型

(5)实施裁剪法

由于脚轮对地面存在明显的有害作用,因此确定裁剪对象为脚轮,采用裁剪规则三实施裁剪,由超系统组件地面完成对椅脚的支撑功能,裁剪后的功能改进模型如图 4.19(a)所示。如图 4.19(b)所示的无轮座椅即为该功能模型对应的一种解决方案实例。

如果座椅存在结构太复杂的问题,则可考虑裁剪系统中只有辅助功能的组件。与系统目标组件人体存在接触关系的系统组件有椅座、椅背和扶手,其余组件只具有辅助功能,可以被裁剪。如果椅座可以执行支撑人体背部和手部的功能,则还可以进一步裁剪椅背和扶手,其功能改进裁剪模型如图 4.19(c)所示。例如图 4.19(d)所示的豆袋躺椅即为该功能模型对应的一种解决方案实例。

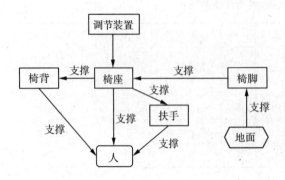

(a) 解决划伤地面的功能改进裁剪模型

(b) 无轮座椅

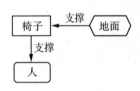

(c) 解决结构复杂性的功能改进裁剪模型

(d) 豆袋躺椅

图 4.19 座椅改进

4.5 TRIZ & Me 实验与讨论——功能分析与裁剪法实战

4.5.1 实验目的

①熟练掌握功能分析和裁剪法的步骤和方法。

②练习运用功能分析和裁剪法降低产品成本。

③练习运用功能分析和裁剪法提高产品性能。

4.5.2 实验准备

①阅读本章内容,完成课堂学习。

②组建实验小组。

③选择身边的某个产品(如台灯、改正带等文具)。

4.5.3 实验内容与步骤

①分析并描述该产品的技术系统组件、超系统组件。

_____

_____

_____

_____

②对该技术系统组件进行相互作用分析。

_____

_____

_____

_____

_____

③建立技术系统的功能模型。

_____

_____

_____

_____

_____

④分析该技术系统存在什么不足之处。

_____

_____

_____

_____

_____

⑤分析技术系统组件的成本和性价比。

_____

_____

_____

_____

⑥对低价值组件进行裁剪，建立系统价值提升裁剪模型。

_____

_____

_____

_____

_____

⑦根据系统价值提升裁剪模型，提出创意设计方案。

_____

_____

_____

_____

_____

_____

⑧对问题组件进行裁剪，建立系统性能改善裁剪模型。

_____

_____

_____

_____

⑨根据系统性能改善裁剪模型，提出创意设计方案。

_____

_____

_____

_____

_____

_____

4.5.4 实验总结

_____

_____

_____

_____

_____

4.5.5 实验评价

实验小组成员及组内评价：_____

_____

_____

_____

4.6 习 题

①试述功能的类型，并举例说明。

②试述进行功能分析的基本步骤。

③裁剪规则有哪些？并举例说明。

④裁剪对象的确定原则有哪些？

05

第 5 章

因果分析

5.1 因果关系

5.1.1 概述

问题不会无缘无故地产生，问题的背后总是隐藏着原因。通常消除引起问题的原因要比直接消除问题本身更容易、更有效。因此，找出问题产生的根本原因是彻底解决问题的基础。因果分析就是从系统存在的问题入手，层层分析形成问题的原因，直至分析到不可能再分析为止。在思考的顺序上，因果分析有两个方向：①从系统存在的问题入手，向着求因的方向，由现在分析过去；②向着求果的方向，由现在分析未来。

5.1.2 因果关系图

对问题进行因果分析的结果通常以因果图的方式表达出来，可以是横向形成一个"因果链"，如图 5.1 所示；也可以纵向形成一棵"因果树"，如图 5.2 所示。两种表达形式都能将构成问题的各个要素之间的因果关系形象地表示出来。

图 5.1　横向的"因果链"

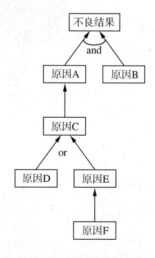

图 5.2　纵向的"因果树"

因果树的绘制规则:一个矩形框代表一个因果要素,一条连线表示有一个因果关系,箭头表示从因到果的方向,如图 5.3(a)所示;小圆弧表示两条以上因果连线存在"与"(and)的关系,即同时具备两个或两个以上的原因才能导致该结果,如图 5.3(b)所示;没有小圆弧则是"或"(or)的关系,即只具备其中一个原因即可导致该结果,如图 5.3(c)所示。因果树各要素之间存在图 5.3 所示的三种基本因果关系。就上下层要素的因果关系来说,上层为结果,下层为原因,从上往下是由果及因,从下往上是由因及果。

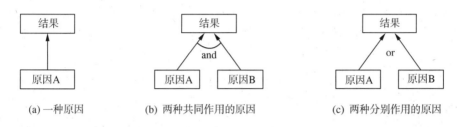

图 5.3 因果要素间的三种基本因果关系

5.2 因果链分析

将因果分析的因果要素从因至果用箭头连接起来,就会形成一条条链,称之为因果链。

因果链分析(cause effect chain analysis)是现代 TRIZ 中常用的分析问题的方法。该方法通过对问题的全面深入分析,寻找潜伏在工程系统中的深层原因并建立各层原因间的逻辑关系链,快速、有效地梳理和收敛问题,指出事件发生的原因。通过因果链分析可以得到更多隐含的问题,为解决问题实现项目目标提供更多的机会。

5.2.1 因果链分析主要作用

因果链分析的主要作用包括:

①通过分析,寻找问题产生的关键原因。如果仅仅是消除初始问题,所造成的问题可能会更为严重,因为问题仍然存在,但是识别、辨认和监控初始问题却不再容易。消除第一层或高层次原因时,或许可以短期缓解问题,但随着时间的推移,初始问题却往往会以其他问题的形式逐步显现出来。而消除初始问题的关键原因,则可以使初始问题不再出现。

②通过建立因果链条,可以分析链条中产生初始问题以及原因发展中的逻辑关

系,寻找链条中的薄弱点和易控制点,在难以控制关键原因时可以选择其他原因节点攻克初始问题。

③通过选择链条中的节点为解决问题寻找入手点,尽可能地采取对系统最小的改变,利用最低的成本达到解决问题的目的。

④为其他 TRIZ 工具的应用奠定基础。在因果链分析的基础上,可将关键链条转化为技术矛盾、物理矛盾、物-场模型等进行解决,更有针对性地解决问题。总的来说,就是梳理问题中隐含的逻辑链及其形成机制,找出问题产生的根本原因;从梳理出的逻辑链条及其形成机制中找出解决问题的所有可能的突破点;从所有可能的突破点中找出最优的突破点。

5.2.2　因果链分析步骤

采用因果链分析方法,分析问题并寻找解决问题的最佳突破点,达到行之有效地分析和解决问题的目标。因果链分析包含以下主要步骤:

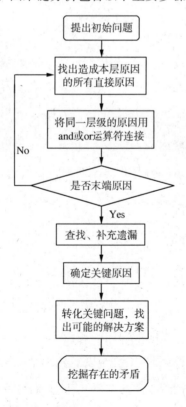

图 5.4　因果链分析流程

第一步：根据项目的实际情况列出需要解决的初始问题。

初始问题是阻碍目标达成的事实，如功能分析中所遇到的有害的功能、不足的功能和过度的功能，等等。除了利用功能分析方法找到一些原因以外，还可以利用因果链分析方法找到更多隐含的深层次的原因，未来通过解决这些深层次原因，也可能解决初始问题。初始问题是进行因果链分析的起点，相当于在进行射击比赛的时候所设定的靶子，决定着因果链（项目）的方向，因此选择合适的初始问题，对于项目来说是至关重要的。

在很多项目中，确定初始问题并不难，只需要将项目的目标进行反转，就可以将它作为初始问题，然后运用因果链分析一层一层地找到影响上一层原因的底层原因，并将这些节点（链条）用 and 或者 or 连起来，形成完整的因果链。如果项目的目标是"降低成本"，那么可以把"成本过高"作为初始问题。如果项目的目标是"提高精度"，那么可以将"精度过低"作为初始问题。但是有时初始问题并不是很明确的，可能会错误地以为在项目中最开始所遇到的那个显而易见的问题就是初始问题，从而将因果链分析引到一个片面的方向上，因而不能尽量多地找到更多的原因，错失了很多机会。初始问题的确定以及因果链分析是一个团队的工作，而不是单个人的工作，需要经过团队集体的讨论之后才能最终确定。

第二步：针对每个原因找出造成本层原因的所有直接原因。

直接原因是引起事件最显而易见的原因，也就是一般所说的导火索。在寻找下一层原因时，需要找的就是直接原因，特别是物理上直接接触的组件所引起的原因，而不是间接原因，避免跳跃。因果链分析中的原因有可能被确定为解决问题的关键原因，如果跳跃过大，就可能会丧失解决问题的机会。比如，初始问题是：在端一个热水杯子的时候，感觉太烫了。我们不能想当然地说杯子中水的温度太高，因为它不是造成问题的直接原因，造成它的直接原因是人手的表面温度太高，刺激了神经。而杯子中水的温度太高，属于更底层的原因。

第三步：将同一层级的原因用 and 或 or 运算符连接起来。

and 运算符是指上一层级的结果是由下一层级的几个原因共同作用的结果，即下一层级的几个原因相互依赖，缺少任何一个原因，上一层级的结果都不会发生，这样只需解决其中的任何一个原因就可以将上一层级的结果解决。

比如形成电流的条件需要两个：电势差和导电通路，缺一不可，只要去掉了其中的任何一个条件都不会形成电流,如图 5.5 所示。

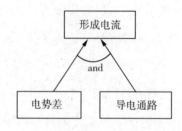

图 5.5　and 运算符

or 运算符是指上一层级的结果可由下一层级中的任何一个原因单独作用造成,即本层级上的原因互相独立,必须将所有的原因都解决掉才能够将上一层级的结果解决。

比如,一个人喝到的水受到了污染,造成这个结果的下一层原因有可能是水源的问题,也有可能是管道的问题,还有可能是容器的问题,必须将所有的下一层原因解决了,上一层级的结果才可以被解决,如图 5.6 所示。

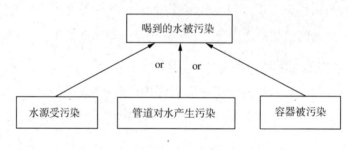

图 5.6　or 运算符

第四步:重复第二和第三步,依次继续查找造成本层缺点的下一层直接原因,直到查找到末端原因。

末端原因:理论上说,因果链分析可以是无穷无尽的,但当我们在做具体项目的时候,无穷无尽地挖掘下去是没有意义的,因此需要有一个终点,这个终点也就是末端原因。当达到以下情况时,可以结束因果链分析:

①当不能继续找到下一层的原因时。

②当达到自然现象时。

③当达到制度/法规/权利/成本等极限时。

④当达到物理、化学、生物或几何等领域的极限时。

⑤当达到成本的极限或者人的本性时。

⑥当继续深挖下去就会变得与本项目无关时。

第五步：检查寻找出来的因果链中的原因是否有遗漏，补充遗漏的原因。

第六步：根据项目实际情况确定关键原因。

关键原因：经过因果链分析后得到的初始原因，中间原因以及末端原因很多，但并不是每一个原因都是可以解决的。那些经过精心选择需要进一步解决的原因就是关键原因。

第七步：将关键原因转化为关键问题，然后找出可能的解决方案。

从因果链中挑选出关键原因，需要解决的关键原因所对应的问题就是关键问题。比如人们遇到一个关键原因是管道污染了水，那么相应的关键问题就是"如何防止管道污染水"。

第八步：从各个关键问题出发挖掘可能存在的矛盾。

比如说为了解决环境问题需要企业节能减排，而企业节能减排需要付出额外的成本，节能减排与额外的成本就是一个矛盾。

5.3 应用实例

5.3.1 问题描述

某气缸的进排气管和本体经钎焊焊接，要求焊接后的焊缝处能承受高温高压气体而不漏气。目前的焊接方法是将焊料存放在阶梯孔处，管子与本体间有一定间隙。焊接时，将工件整体放到真空钎焊炉中进行钎焊，焊料融化后填充间隙，待冷却后形成密实焊缝，如图5.7所示。目前存在的问题是焊接处时有虚焊发生，导致漏气。

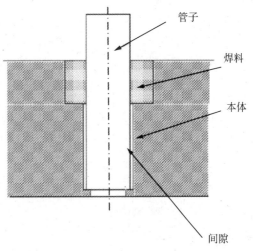

图 5.7 钎焊示意图

5.3.2 问题的因果链分析

第一步:列出初始问题。

项目的目标就是消除焊缝中的虚焊,提高气密性。因此初始问题就是有缺陷的焊缝产生漏气。

第二步:寻找直接原因。

什么是引起焊缝漏气的直接原因呢? 漏气意味着什么? 漏气意味着焊缝中存在贯穿的裂纹或小间隙。因此造成漏气的第一层次直接原因是贯穿的裂缝和间隙。

第三步:确定相互关系。

裂缝和间隙两个条件相互独立,两者中任何一个都会导致漏气的问题,因此属于 or 的关系,如图 5.8 所示。

第四步:重复第二、三步。

首先分析裂缝的原因。焊缝中产生贯穿的裂缝,究其原因就是焊缝中存在应力集中。焊缝中产生应力集中的原因是管子、焊缝和本体材料的热膨胀系数存在差异。材料间膨胀系数存在差异,原则上可以继续分析下去,但继续分析属于材料学和力学关注的范畴,与本项目关系不大,因此这一分支到此为止,如图 5.9 所示。

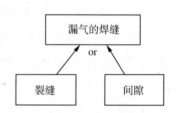

图 5.8　焊缝漏气的直接原因

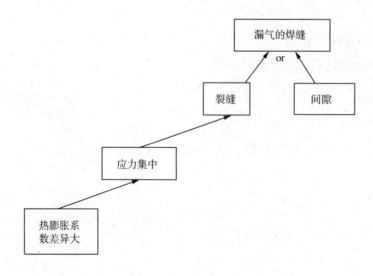

图 5.9　"裂缝"的因果链分析

对于间隙的分析,形成贯穿间隙的原因可能是焊料未充满该区域,或者进入的焊料产生流失。完整的因果链分析如图 5.10 所示。

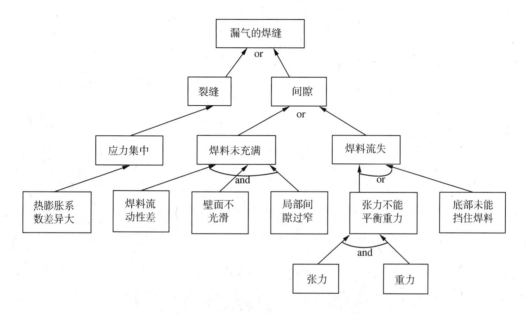

图 5.10　焊缝漏气的因果链分析

"焊料未充满"形成的原因包括:焊料流动性差,壁面不光滑,以及加工或安装的不同轴导致局部间隙过窄。这些原因共同作用会导致焊料不能充满。"焊料流失"形成的原因包括:焊料的表面张力不能平衡重力,及管壁与孔壁间隙的底部不能挡住液体焊料。这些原因都可能导致焊料流失。

"焊料流动性差"属于该材料的物理特性,继续分析下去与本项目无关。对于"壁面不光滑"和"局部间隙过窄",和当前的加工和装配所能达到的水平有关,不再作更深入的分析。

"张力不能平衡重力"的原因包含张力和重力两个方面,且均属于材料本身的物理特性。"底部未能挡住焊料"属于问题的本质原因,无需继续分析下去。

第五步:检查因果链中的原因是否有遗漏,补充遗漏的原因。

经检查所有原因均包括,不存在遗漏。

第六步:根据项目实际情况确定关键原因。

可以将消除焊接的"应力集中""焊料未充满"和"底部未能挡住焊料"作为关键原因。

第七步:将关键原因转化为关键问题,然后找出可能的解决方案。

对于"应力集中"这个原因,相应的问题为如何降低焊缝中的应力集中。对于这个问题可以通过焊前预热和焊后缓冷的方案,减少焊缝区与焊件其他部分的温差,降低焊缝区的冷却速度,使焊件均匀冷却以减少应力。对于"焊料未充满"这个原因,可转化为如何使焊料充满的问题。可以通过扩大本体内孔的开口的方法,也就是采用锥孔加圆柱孔的组合形式,使其上面开口大下面开口小,如图 5.11 所示。扩孔后可以方便焊料填充,提高焊料流动速度,有助于焊料充满。对于"底部未能挡住焊料",相应的问题为底部如何挡住焊料流出。可采用在底部凸台开凹槽的办法防止液体焊料流出去。

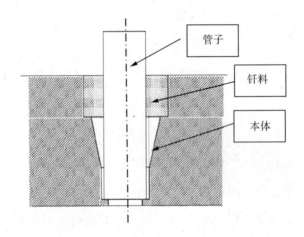

图 5.11 钎焊焊料充满解决方案示意图

第八步:从各个关键问题出发挖掘可能存在的矛盾。

在本例中,各关键问题采取的方案间不存在矛盾之处。因此第七步即可得到最后的解决方案。

5.4 其他因果分析方法概述

由前述可知,因果分析常用"追问法":就看到的问题现象一步一步地追问"为什么",获得答案后再问为何会发生,依次类推就可以得到一系列的原因。随着不断地追问,就会发现已经找到的原因背后还有其他的因素在起作用。一直追问下去,以物理、化学、生物或者几何等领域的极限为终点。使用该法首先要分清因果地位;其次要注意因果对应,任何结果都由一定的原因引起,一定的原因产生一定的结果;最后要循因导果,执果索因,从不同的方向用不同的思维方式去进行因果分析。

随着现代 TRIZ 的不断完善,应用的不断推广,在不同时期和专业领域具体问题具体分析,出现了多种行之有效的因果分析方法。常见的除了前述因果链分析法外,还有五个"为什么"、故障树和鱼骨图分析法,等等,在此仅作简单介绍。

5.4.1 五个"为什么"分析法

五个"为什么"分析法,即 5why 分析法,是一种诊断性技术,被用来识别和说明因果关系链。虽为五个"为什么",实际使用时不限定只做"五次为什么的探讨",而是要找到根本原因为止,有时可能只要三次,有时也许要十次。这种方法最初是由丰田佐吉提出的,丰田汽车公司在发展完善其制造方法学的过程之中采用了 5why 分析法。后来,该方法成为丰田生产系统入门培训课程中问题求解的一项关键内容。目前,该方法在丰田之外也得到了广泛采用。

5why 法首先恰当地定义问题,再不断提问为什么前一个事件会发生,直到回答"没有好的理由"或直到一个新的故障模式被发现时才停止提问。5why 法由把握现状、原因调查、问题纠正以及差错预防四个主要部分组成。5why 分析法的关键是努力避开主观或自负的假设和逻辑陷阱,从结果着手,沿着因果关系链条,顺藤摸瓜,直至找出原有问题的根本原因。

丰田汽车公司前副社长大野耐一曾举了一个例子来找出停机的真正原因。

问题一:为什么机器停了? 答案一:因为机器超载,保险丝烧断了。

问题二:为什么机器会超载? 答案二:因为轴承的润滑不足。

问题三:为什么轴承会润滑不足? 答案三:因为润滑泵失灵了。

问题四:为什么润滑泵会失灵? 答案四:因为它的轮轴耗损了。

问题五:为什么润滑泵的轮轴会耗损? 答案五:因为杂质跑到里面去了。

经过连续五次不停地问"为什么",才找到问题产生的真正原因和解决的方法——在润滑泵上加装滤网。如果员工没有以这种追根究底的精神来发掘问题,他们很可能只是换根保险丝草草了事,真正的问题还是没有解决。

5.4.2 故障树分析法

故障树分析法简称 FTA(failure tree analysis),是安全系统工程中最重要的分

析方法,于 1961 年由美国贝尔电话研究室华特先生为评价复杂系统的可靠性与安全性而提出。其后,在航空和航天的设计、维修,原子反应堆,大型设备以及大型电子计算机系统中得到了广泛的应用。目前,故障树分析法虽还处在不断完善的发展阶段,但其应用范围正在不断扩大,是一种很有前途的故障分析法。

故障树分析从一个可能的事故开始,自上而下、一层层地寻找系统的状态即顶事件的直接原因和间接原因,直到元部件状态即基本原因事件,并用逻辑图把这些事件之间的逻辑关系表达出来。故障树是根据基本事件来显示顶事件的一种特殊的倒立树状逻辑因果关系图。用事件符号(见表 5.1)、逻辑门符号(见表 5.2)和转移符号描述系统中各种事件之间的因果关系。逻辑门的输入事件是输出事件的"因",逻辑门的输出事件是输入事件的"果"。故障树分析采用逻辑的方法,形象地进行危险的分析工作,如图 5.12 所示。特点是直观、明了,思路清晰,逻辑性强,可以做定性分析,也可以做定量分析。体现了以系统工程方法研究安全问题的系统性、准确性和预测性。

表 5.1　故障树分析的事件符号

符号名称	定　义
底事件	底事件是故障树分析中仅导致其他事件的原因事件
基本事件	圆形符号是故障树中的基本事件,是分析中无需探明其发生原因的事件
未探明事件	菱形符号是故障树分析中的未探明事件,即原则上应进一步探明其原因但暂时不必或暂时不能探明其原因的事件。它又代表省略事件,一般表示那些可能发生,但概率值微小的事件;或者对此系统到此为止不需要再进一步分析的故障事件,这些故障事件在定性分析中或定量计算中一般都可以忽略不计
结果事件	矩形符号,是故障树分析中的结果事件,可以是顶事件,由其他事件或事件组合所导致的中间事件,矩形事件的下端与逻辑门连接,表示该事件是逻辑门的一个输入
顶事件	顶事件是故障树分析中所关心的结果事件
中间事件	中间事件是位于顶事件和底事件之间的结果事件

续表

符号名称	定 义
特殊事件	特殊事件指在故障树分析中用特殊符号表明其特殊性或引起注意的事件
 开关事件	房形符号是开关事件,是在正常工作条件下必然发生或必然不发生的事件,当房形中所给定的条件满足时,房形所在门的其他输入保留,否则除去。根据故障要求,可以是正常事件,也可以是故障事件
 条件事件	扁圆形符号是条件事件,是描述逻辑门起作用的具体限制的事件

表 5.2 故障树分析的逻辑符号

符号名称	定 义
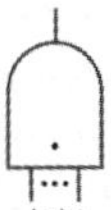 与门	与门表示仅当所有输入事件发生时,输出事件才发生
 或门	或门表示至少一个输入事件发生时,输出事件就发生
 非门	非门表示输出事件是输入事件的对立事件
 表决门	表决门表示仅当 n 个输入事件中有 k 个或 k 个以上的事件发生时,输出事件才发生
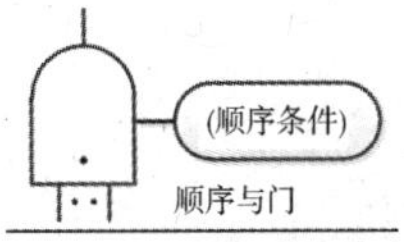 顺序与门	顺序与门表示仅当输入事件按规定的顺序发生时,输出事件才发生
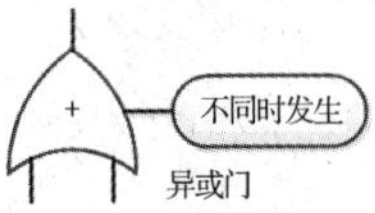 异或门	异或门表示仅当单个输入事件发生时,输出事件才发生

续表

符号名称	定　义
禁门打开条件 禁门	禁门表示仅当条件发生时输入事件的发生方导致输出事件的发生
(子树代号字母) 转向符号　（子树代号字母） 转此符号	相同转移符号用以指明子树的位置,转向和转此字母代号相同
(相似的子树代号) 不同的事情标号: ××-×× 相似转向　（子树代号） 相似转此	相似转移符号用以指明相似子树的位置,转向和转此字母代号相同,事件的标号不同

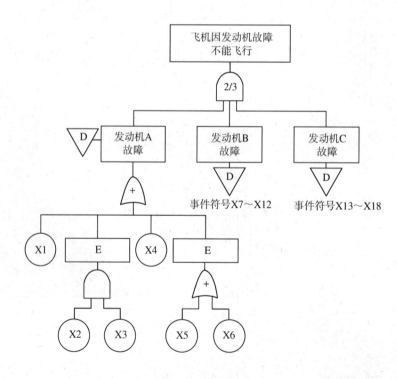

图 5.12　故障树图

5.4.3 鱼骨图分析法

鱼骨图由日本管理大师石川馨先生发明,又名因果图、石川图,是一种发现问题根本原因的分析方法,现代工商管理教育将其划分为问题型、原因型及对策型鱼骨图等几类。如图5.13所示,它看上去有些像鱼骨。问题或缺陷(即后果)标在"鱼头"处。问题发生的原因类别(主分支)形成大鱼骨,传统上的大鱼骨分以下五个主分支:人员、设备、方法、材料、环境。由项目小组和那些关心项目流程的人员一起利用头脑风暴法对于每一个主分支问5次"为什么"(问题为什么会发生……),找出潜在的引起问题发生的根本原因,并按出现机会多寡列出,形成长在鱼骨上的鱼刺。因此,鱼骨图有助于说明各个原因之间是如何相互影响的,简洁实用,深入直观。鱼骨图分析法倡导头脑风暴法,它是一种通过集思广益、发挥团体智慧,从各种不同角度找出问题所有原因或构成要素的会议方法。

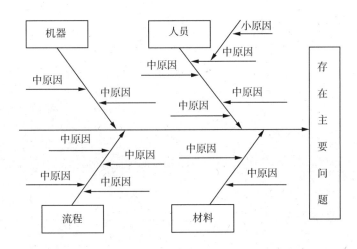

图 5.13 鱼骨图模板

5.5 TRIZ & Me 实验与讨论——因果分析实战

5.5.1 实验目的

①用因果链分析的方法,找一找生活中的一些问题或现象发生的深层次原因。
②找出可能的解决方案。

5.5.2 实验准备

①阅读本章内容,完成课堂学习。

②组建实验小组。

③配备一台互联网终端机。

④选择一个大家熟悉的生活中的问题或现象。

5.5.3 实验内容与步骤

①选择一个大家熟悉的生活中的问题或现象。

_____

_____

_____

_____

②根据项目的实际情况列出需要解决的初始问题。

_____

_____

_____

_____

③找出造成本层原因的所有直接原因,并将同一层级的原因用 and 或 or 运算符连接起来。

_____

_____

_____

_____

④重复第三步,依次继续查找造成本层缺点的下一层直接原因,直到末端原因。

_____

_____

_____

_____

⑤检查和补充遗漏。

_____

_____

_____

⑥根据项目实际情况确定关键原因。

_____

_____

_____

⑦将关键原因转化为关键问题,然后找出可能的解决方案。

_____

_____

_____

_____

⑧从各个关键问题出发挖掘可能存在的矛盾。

_____

_____

_____

_____

5.5.4 实验总结

_____

_____

_____

_____

_____

5.5.5 实验评价

实验小组成员及组内评价：_____

_____

_____

_____

5.6 习 题

①冬天到了，人身上的静电也多了起来，特别是在干旱的北方。当我们触摸到水龙头、铁门、车门，甚至在握手时，都会被静电电到，让人感到一阵刺痛，很不舒服。用因果链分析的方法，找一找深层次的原因，看有什么方法可以解决这个问题。

②外送的比萨饼通常是采用纸盒加塑料袋的密封包装方式，送到顾客手中时往往已变软，失去了松脆的口感。试采用因果链分析的方法，找一找深层次的原因，看有什么方法可以解决这个问题。

③采用蒸汽熨斗熨衣服时，加入熨斗的水一旦超过规定的水位线，会由于摇晃熨斗导致蒸汽和水珠一并通过导管和喷口喷到衣服上，弄湿衣服。采用因果链分析的方法，找一找深层次的原因，看有什么方法可以解决这个问题。

06

第 6 章

发明措施

6.1　发明措施概述

阿奇舒勒通过对大量发明专利的研究发现,只有 20% 左右的专利才能称得上是真正的创新,实际上许多宣称为专利的技术,其实早已经在其他的产业中出现并被应用过,所以,阿奇舒勒认为如果跨产业间的技术能够更充分地交流,一定可以更早开发出优化的技术。同时,阿奇舒勒也坚信解决发明问题的措施一定是客观存在的,如果掌握这些措施,不仅可以提高发明的效率、缩短发明的周期,而且能使发明问题更具有可预见性。融合了物理、化学等学科知识的发明措施将超越领域的限制,可推广到各个行业中去应用。

为此,阿奇舒勒对大量的专利进行了研究、分析、总结,提炼出了 TRIZ 中最重要的、具有普遍适用性的 40 个发明措施[①],92 个实施细则。40 个发明措施开启了一扇解决发明问题的天窗,将发明活动从魔术境界推向技术层面,让那些似乎只有天才才能从事的发明工作,成为一种人人都可以从事的工作,使原来认为不可能解决的问题可以获得突破性的解决。

6.2　40 个发明措施及其实施细则

发明措施是阿奇舒勒经过研究大量专利之后,得出的经常用来解决实际问题的方法和手段。这些措施是在研究了世界上不同工程领域海量专利的基础上总结出来的,因而具有实用性和有效性。

TRIZ 的 40 个发明措施清单见表 6.1。每项措施对应的序号就是发明措施的编号,本书后续内容中叙述的阿奇舒勒矛盾矩阵元素中所列出的就是这些发明措施编号。

---

① 国内相关文献中多译为"发明原理"。根据参考文献 2 和参考文献 3 中的解释,作者认为"发明措施"更为准确,故采用这种说法。

表 6.1　40 个发明措施

序号	名称	序号	名称	序号	名称	序号	名称
1	分割	11	预先应急	21	急速作用	31	多孔材料
2	抽取	12	等势	22	变害为利	32	改变颜色
3	局部质量	13	逆向	23	反馈	33	同质性
4	非对称	14	曲面化	24	借助中介物	34	抛弃与再生
5	合并	15	动态化	25	自服务	35	参数变化
6	多用性	16	部分或过分作用	26	复制	36	相变
7	嵌套	17	向新维度过渡	27	廉价替代品	37	热膨胀
8	反重力	18	机械振动	28	机械系统替代	38	加速氧化
9	预先反作用	19	周期性作用	29	气压与液压	39	惰性环境
10	预先作用	20	连续有效作用	30	柔性外壳和薄膜	40	复合材料

（1）分割

分割（Segmentation[①]）措施有 3 个实施细则：

①将物体分割成独立的部分。

比如：用多台个人计算机代替大型计算机；用卡车加拖车的方式代替大卡车；用烽火传递信息（分割信息传递距离）。如图 6.1 所示，将大型通风道的 90°弯管分割成多个小管子，可改善空气流动，并减少涡流产生。

②使物体变成易于拆卸和组装的可组合体。

比如：组合式家具；如图 6.2 所示，临时交通灯的电杆是由可以折叠的杆组成，以便运输、安装和拆卸。

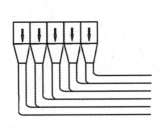

图 6.1　分割措施①的示例

图 6.2　分割措施②的示例

---

① 本章的英文名字均来源于文献 5。

③增加物体被分割的程度。

比如：用软的百叶窗帘代替整幅大窗帘；如图 6.3 所示，电子线路板（PCB）表面贴装技术（SMT）中所使用的锡膏，主要成分是粉末状的焊锡，用这种微颗粒焊锡替代传统焊接用的焊锡丝和焊锡条，可大大增加焊接的透彻程度。

【解读发明措施 1——分割】

遇到难以解决的问题时，可以考虑将问题涉及的物体（通常为系统组件）进行分割，分割成若干个独立部分，这些部分有时候是可以组合和装配的；还可以考虑将物体分割的程度从宏观到微观不断增加，可将物体从块体分割成小块、颗粒、粉末、液体、气体、离子等，从而使问题得以解决。

图 6.3　分割措施③的示例

（2）抽取

抽取（Taking out-Separation）措施有 2 个实施细则：

①将物体中"负面"的部分或特性抽取出来。

比如：子弹发射后，将无用的弹壳丢弃，仅发射弹头；多级火箭，冲出大气层后将燃烧完的部分解体分离丢弃；高层建筑物易遭雷击，设置高于建筑物的避雷针，将雷电抽取出来引入地下；冰箱除味剂除去异味、干燥剂除去水分；医学透析治疗（排出血液中的尿酸等代谢产物）；如图 6.4 所示，空气压缩机系统中，将嘈杂的压缩机放在室外，将储气罐放在室内。

②只从物体中抽取必要的部分或特性。

比如：用狗的叫声作为报警器的报警声，而不用养一条真正的狗；如图 6.5 所示，用红外体温测试仪抽取人体体温的特征。

图 6.4 抽取措施①的示例

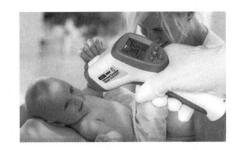
图 6.5 抽取措施②的示例

【解读发明措施 2——抽取】

任何事情都有两面性——有利的一面和不利的一面,抽取措施就是针对这两面性开展工作。一方面可以将对象的不利方面分离出去、消除或者减轻,另一方面则是仅利用其有利的一面,抽取其有利的特性加以利用。

(3)局部质量

局部质量(Local Quality)措施有 3 个实施细则:

①将物体或外部环境的同类结构转换成异类结构。

比如:采用温度、密度或压力的梯度,而不用恒定的温度、密度或压力;如图 6.6 所示,热处理工艺可改善材料机械性能。

②使物体的不同部分实现不同的功能。

比如:带橡皮擦的铅笔;带起钉器的榔头;多功能的工具;如图 6.7 所示,瑞士军刀不同的部分可作为普通钳子、剥线钳、普通螺丝刀、十字螺丝刀和指甲修剪工具等使用。

图 6.6 局部质量措施①的示例

图 6.7 局部质量措施②的示例

③使物体的每一部分处于最有利于其运行的
条件下。

比如:快餐饭盒中设置不同的间隔区,来分别
存放热、冷食物和汤。如图6.8所示的重庆火锅
中的鸳鸯火锅。

图6.8 局部质量措施③的示例

【解读发明措施3——局部质量】

让系统或者对象的每个部分都发挥不同的作
用,以期达到最大/最好的作用。可以通过改变其统一结构/特性为不统一的结构/
特性来实现。

(4)非对称

非对称(Asymmetry)措施有2个实施细则:

①用非对称形式代替对称形式。

比如:非对称容器或者对称容器中的非对称搅拌叶片可以提高混合的效果(如
水泥搅拌车等);模具设计中,对称位置的定位销设计成不同直径,以防安装或使用
中出错;如图6.9所示,USB接口设计为正反不对称,以防止插反。

②增加非对称的程度。

比如:将圆形的垫片改成椭圆形甚至特别的形状来提高密封程度。图6.10为豆
浆机搅拌刀片。

图6.9 非对称措施①的示例

图6.10 非对称措施②的示例

【解读发明措施4——非对称】

通常我们都认为对称是美的,但是,作为实际情况来说,有时候使用非对称性反
而更有利于应用场景。如果是已经采用了非对称特性,还可以再增强不对称的程度
来使得事情更有利。

（5）合并

合并（Merging）措施有 2 个实施细则：

①合并空间上的同类或相邻的物体或操作。

比如：网络中的个人计算机；并行处理计算机中的多个微处理器；如图 6.11 所示，组合机床能完成多种加工功能。

②合并时间上的同类或相邻的物体或操作。

比如：把百叶窗中的窄条连起来；同时分析多项血液指标的医疗诊断仪器；如图 6.12 所示为冷热水龙头，调温通过转动把手完成，将过去的 2 个龙头合并为一个龙头。

图 6.11　合并措施①的示例　　　　图 6.12　合并措施②的示例

【解读发明措施 5——合并】

将时间或空间上相近/相邻的物体或操作合并起来，或者融合在一起，实现多功能或者并行操作，以及实现以前无法实现的功能，从而提高效率，节省空间。

（6）多用性

多用性（Universality）措施只有 1 个实施细则：

使得物体或物体的一部分实现多种功能，以代替其他部分的功能。

比如：内部装有牙膏的牙刷柄；小组领导人充当记录员和记时员；如图 6.13 所示的车载婴儿提篮式安全座椅。

【解读发明措施 6——多用性】

让一个对象（系统、组件）或者其中的部分实

图 6.13　多用性措施的示例

现多种功能,从而达到既可以实现既定功能,又可以减少对象(系统、组件)的目的,让系统变得更加简单和可靠。

(7)嵌套

嵌套(Nested Doll)措施有 2 个实施细则:

①将第 1 个物体嵌入第 2 个物体,然后将这两个物体一起嵌入第 3 个物体……

比如:俄罗斯套娃;如图 6.14 所示的超市内的手推车,存放占用的空间小。

②让物体穿过另一个物体的空腔。

比如:伸缩天线;飞机起落架;如图 6.15 所示的伸缩变焦镜头。

图 6.14　嵌套措施①的示例　　　　图 6.15　嵌套措施②的示例

【解读发明措施 7——嵌套】

充分利用物体的空腔去容纳其他的物体,以达到节省空间,提供多种功能的目的。这种嵌套可以是相互独立物体的嵌套,也可以是同一个物体不同组成部分的嵌套。

(8)反重力

反重力(Anti-Weight)措施有 2 个实施细则:

①将一个物体与另一个能产生提升力的物体组合来补偿其质量。

比如:在一捆原木中加入泡沫材料,使之更好地漂浮;如图 6.16 所示,用气球悬挂广告条幅。

②通过与环境的相互作用(利用气体、液体的动力或浮力等)实现物体质量的补偿。

比如:飞机机翼可以减小机翼上面空气的密度,增加机翼下面空气的密度,从而产生升力;水翼可使船的整个或部分船体浮出水面,减小了阻力;如图 6.17 所示的水面上的浮标,用以标示航道范围,指示浅滩、碍航物。

图 6.16　反重力措施①的示例

图 6.17　反重力措施②的示例

【解读发明措施 8——反重力】

重力是物体由于地球的吸引而受到的力,反重力的措施就是要利用一切可以产生与重力方向相反的力(液体浮力、空气浮力等物理效应),来达到补偿重力的目的。

(9)预先反作用

预先反作用(Preliminary Anti-Action)措施有 2 个实施细则:

①预先施加反作用。

比如:在溶液中加入缓冲剂来防止高 pH 值带来的危害;如图 6.18 所示的机械表内的涡卷弹簧(发条),将其上紧,可积蓄机械能,为钟表持续工作提供动力。

②如果物体将处于受拉伸工作状态,则预先施加压力。

比如:在浇注混凝土之前对钢筋进行预压处理;如图 6.19 所示的一个复合材料飞轮储能系统,利用高速旋转的飞轮储存动能,当外界需要能量时,通过电机将能量输出。储存高能量飞轮转子可用碳纤维缠绕成型,为了防止转子在工作中由于离心力产生分层失效,加工缠绕飞轮时,事先为纤维施加一定的张力。

图 6.18　预先反作用措施①的示例

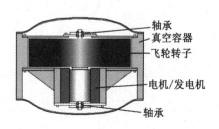

轴承
真空容器
飞轮转子
电机/发电机
轴承

图 6.19　预先反作用措施②的示例

【解读发明措施 9——预先反作用】

很多情况下,在正常工作中会发生有害的现象,在没有开始正式工作之前,施加一个未来可以抵消有害作用的动作或因素,可达到正常工作时消除或减轻有害现象的目的。

(10)预先作用

预先作用(Preliminary Action)措施有 2 个实施细则:

①事先完成部分或全部的动作或功能。

比如:不干胶纸;卷状食品保鲜袋,事先在两个保鲜袋间切口,但保留部分相连,使用时可以轻易拉断相连部分;如图 6.20 所示的防盗饮料瓶盖,瓶盖的下端通过拉力加强筋连接一个防盗环。

②在方便的位置预先安置物体,使其在第一时间发挥作用,避免时间的浪费。

比如:停车位的计时表;柔性制造单元;如图 6.21 所示,加工塑料制品时,把螺丝事先镶嵌其中。

图 6.20 预先作用措施①的示例　　　　图 6.21 预先作用措施②的示例

【解读发明措施 10——预先作用】

对于即将需要或者发生的事情,提前做好准备,以便在需要或者发生的时候,能够方便进行,达到便捷和节省时间的目的。

(11)预先应急

预先应急(Beforehand Cushioning)措施只有 1 个实施细则:

针对物体相对较低的可靠性,预先准备好相应的应急措施。

比如:降落伞;消防设施;俄沙皇害怕敌人投毒害他,就每天服用少量的毒药培养抗毒性,后来他想服毒自杀居然没有成功;如图 6.22 所示,为防止水的渗漏,水库底部预先铺设一层塑料布。

图 6.22 预先应急措施措施的示例

【解读发明措施 11——预先应急】

对于未来有可能发生的危机,提前做好防备措施,一旦危机来临,就能够提供合理的应对措施。

(12)等势

等势(Equipotentiality)措施只有 1 个实施细则:

在势能场中,避免物体位置的改变。

比如:电子线路设计中,避免电势差大的线路相邻;在两个不同高度水域之间的运河上设置水闸;如图 6.23 所示的机场乘客登机通道,可免去乘客上下楼梯的麻烦。

图 6.23 等势措施的示例

【解读发明措施 12——等势】

在势能场(位能场)中,通过改变布局或操作条件等措施,来达到尽量消除或减轻位势差的目的。

(13)逆向

逆向(The Other Way Round)措施有 3 个实施细则:

①颠倒过去解决问题的办法。

比如:为了松开粘连在一起的部件,不加热外部件,而冷却内部件;把大山带到穆罕默德的面前来,而不是让穆罕默德到大山那里去;如图 6.24 所示的自动扶手电梯,楼梯移动,代替了人爬楼梯。

②使物体的活动部分改变为固定的,让固定的部分变为活动的。

比如:旋转加工零件而不是旋转刀具;健身跑步机;如图 6.25 所示的一个游泳训

练装置,让水流动而游泳者位置不变。

图 6.24 逆向措施①的示例

图 6.25 逆向措施②的示例

③翻转物体或过程。

比如:通过翻转容器以倒出谷物;将杯子倒置,以便从下面喷水清洗;如图 6.26 所示,在锅盖上安装加热装置,以便能够从底部和顶部同时加热食物。

【解读发明措施 13——逆向】

这个措施是建立在逆向思维的基础之上,将现有的物体、功能、流程、做法等颠倒过来进行思考,将活动的变成固定的,固定的变成活动的,将

图 6.26 逆向措施③的示例

加热过程变成冷却过程,前后、上下、左右的空间位置进行颠倒,会得到不少新的创意。

(14)曲面化

曲面化(Spheroidality)措施有 3 个实施细则:

①将直线、平面用曲线、曲面代替,立方体结构改成球体结构。

比如:在建筑中采用拱形或圆屋顶来增加强度;结构设计中,用圆角过渡避免应力集中;如图 6.27 所示,楼顶的环形跑道有无限的长度。

②使用滚筒、球体、螺旋状等结构。

比如:圆珠笔的球状笔尖使得其书写流利,而且提高了其寿命;如图 6.28 所示,利用螺旋结构,千斤顶能产生很大的举升力。

图 6.27 曲面化措施①的示例

图 6.28 曲面化措施②的示例

③从直线运动改成旋转运动,利用离心力。

比如:用洗衣机甩干衣物,代替原来拧干的方法;如图 6.29 所示,卷扬机把钢索螺旋缠绕或放松,用来调整升降机的高低。

【解读发明措施 14——曲面化】

从系统组件的几何形状考虑,可考虑从直线变成曲线,从平面变成曲面,从立方体变成球形等空间曲面。从运动方式上考虑,可以考虑从直线运动变成旋转运动或曲线运动,从平面运动变成空间运动。

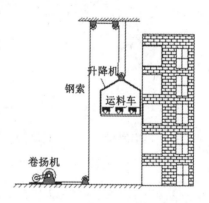

图 6.29 曲面化措施③的示例

(15)动态化

动态化(Dynamics)措施有 3 个实施细则:

①使物体或其环境自动调节,以使其在每个动作阶段的性能达到最佳。

比如:汽车的可调节式方向盘,可调节式座位,可调节式后视镜;飞机中的自动导航系统;如图 6.30 所示的记忆合金。

图 6.30 动态化措施①的示例

②把物体分成几个部分,各部分之间可相对改变位置。

比如:折叠椅;笔记本电脑;如图 6.31 所示的折叠床。

③将不动的物体改变为可动的,或具有自适应性。

比如:用来检查发动机燃烧室的柔性内孔窥视仪;如图 6.32 所示的医疗检查中用到的柔性胃镜。

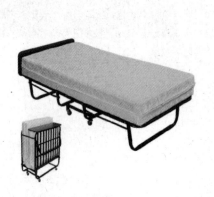 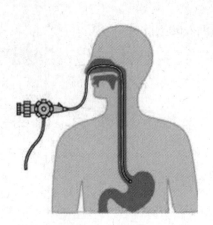

图 6.31 动态化措施②的示例   图 6.32 动态化措施③的示例

【解读发明措施 15——动态化】

动态化措施是为了达到可调节性、可适应性目的而采用的一些方法,通常会通过分割后,再铰接,采用柔性物体、液体、气态或离子场等来实现可调节。

(16)部分或过分作用

部分或过分作用(Partial or Excessive Actions)措施只有 1 个实施细则:

如果用现有的方法很难完成对象的 100%,可用同样的方法完成"稍少"一点或"稍多"一点。

比如:大型船只在制船厂的制造,往往先不安装船体上部的结构,以避免船只从船厂驶往港口的过程中受制于途中的桥梁高度,待船只到达港口后再安装上部的结构;如图 6.33 所示,为了减少预防冰雹时使用的化学试剂用量,只攻击将形成冰雹的那部分云层。

油印印刷时,滚筒表面涂满印油,印刷到纸张上的是需要的字迹部分,其他的印油被蜡纸所阻挡;如图 6.34 所示,在地板砖砖缝中填充稍多一点的填缝剂,然后抹平,多余的清理掉。

图 6.33　部分作用措施的示例　　　　图 6.34　过分作用措施的示例

【解读发明措施 16——部分或过分作用】

如果用现有的方法很难完美地完成任务,可从两个方向考虑:一个方向是完成"稍少"一点,采用后面的补全措施达到 100%;另一方向是"稍多"一点,后面采用措施去除多余部分达到 100%。从这两个方向考虑,问题可能会变得相对容易解决。

(17)向新维度过渡

向新维度过渡(Another Dimension)措施有 4 个实施细则:

①从一维变到二维或三维空间。

比如:螺旋梯可以减少所占用的房屋面积;如图 6.35 所示,五轴机床可加工复杂零件。

②用多层结构代替单层结构。

比如:多碟 CD 机可以增加音乐的内容,丰富选择;如图 6.36 所示的高楼大厦。

图 6.35　向新维度过渡措施①的示例　　　图 6.36　向新维度过渡措施②的示例

③使物体倾斜或竖直放置。

比如:儿童滑梯;游泳池滑道;如图 6.37 所示的自动装卸车。

④使用给定表面的"另一面"。

比如:印制电路板(PCB)经常采用两面都焊接电子元器件的结构,比单面焊接节省面积;如图 6.38 所示的可双面穿的衣服。

图 6.37　向新维度过渡措施③的示例　　　　图 6.38　向新维度过渡措施④的示例

【解读发明措施 17——向新维度过渡】

采用从一维变成二维、三维,多层结构代替单层结构,倾斜或竖直放置代替水平放置,充分利用物体表面的反面等措施,可达到节省空间、增加效能等目的。

(18)机械振动

机械振动(Mechanical Vibration)措施有 5 个实施细则:

①让物体处于振动状态。

比如:电动剃须刀;如图 6.39 所示的机械振动筛。

图 6.39　机械振动措施①的示例

②对有振动的物体,则增加其振动的频率(甚至到超声波的频率)。

比如:振动送料器;如图 6.40 所示,机械零件在以超声波频率振动的液体中得到清洗。

③使用物体的共振频率。

比如:用超声波共振来粉碎胆结石或肾结石;如图 6.41 所示,音叉发声。

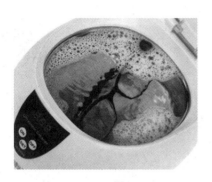
图 6.40　机械振动措施②的示例

图 6.41　机械振动措施③的示例

④用压电振动器代替机械振动器。

比如：石英晶体振荡驱动高精度的钟表；如图 6.42 所示，用压电式振动盘输送物料。

⑤综合利用超声波和电磁场振荡。

比如：如图 6.43 所示，在高频炉里熔炼合金时，加入超声波使金属混合得更均匀。

图 6.42　机械振动措施④的示例

图 6.43　机械振动措施⑤的示例

【解读发明措施 18——机械振动】

　　采用往复运动、机械振动的方式来进行操作；已经处于机械振动状态了，考虑改变其振动频率，甚至可增加到超声波频率；可以充分利用共振效果来实现自己的目的；除了机械振动器之外，还可以考虑电磁振动器、压电振动器等；将超声波和电磁场振荡结合起来使用。

(19)周期性作用

周期性作用(Periodic Action)措施有 3 个实施细则:

①用周期性动作或脉动代替连续动作。

比如:松开生锈的螺母时,用间歇性猛力比持续拧力有效;如图 6.44 所示的汽车挡风玻璃雨刷器。

②如果行动已经是周期性的,则改变其幅值或频率。

图 6.44　周期性作用措施①的示例

比如:用频率调制来传送信息,而不用 Morse 编码;用改变幅值和频率的办法来代替连续警笛;如图 6.45 所示,使用 AM(调幅)、FM(调频)、PWM(脉宽调制)等来传输信息。

③利用脉动之间的间隙来执行另一动作。

比如:在心肺呼吸中,每 5 次胸腔压缩后进行呼吸;如图 6.46 所示,凸轮机构可协调发动机的各机构运动。

图 6.45　周期性作用措施②的示例

图 6.46　周期性作用措施③的示例

【解读发明措施 19——周期性作用】

　　将连续动作变成不连续的动作,可以是周期性的动作,也可以是非周期性的动作;如果是周期性的动作,可以考虑调整其幅值或频率;还可以考虑在脉冲动作之间的间隙时段执行其他的动作。

(20)连续有效作用

连续有效作用(Continuity of Useful Action)措施有 2 个实施细则:

①持续采取行动,使对象的所有部分都一直处于满负荷工作状态。

比如:在工厂里,使处于瓶颈地位的工序持续地运行,达到最好的生产步调;如

图 6.47 所示,发动机飞轮能使汽车在停止和行驶时,工作平稳。

②消除空闲的、间歇的行动和工作。

比如:打印头在回程过程中也进行打印;如图 6.48 所示,运油轮在卸掉油之后,装运糖返航。

图 6.47 连续有效作用措施①的示例

图 6.48 连续有效作用措施②的示例

【解读发明措施 20——连续有效作用】

让系统的每个部分都尽可能地满负荷的工作,尽可能消除空闲的时间,充分利用返程的工作能力,提高效率,避免浪费。

(21)急速作用

急速作用(Skipping)措施只有 1 个实施细则:

快速地执行一个危险或有害的作业。

比如:牙医使用高速电钻,避免烫伤口腔组织;快速切割塑料,在材料内部的热量传播之前完成,避免变形;如图 6.49 所示的马戏团中的钻火圈节目。

图 6.49 急速作用措施的示例

【解读发明措施 21——急速作用】

加快执行带有危害影响动作/过程的速度,尽可能消除或减少危害作用的影响。

(22)变害为利

变害为利(Blessing in Disguise)措施有 3 个实施细则:

①利用有害的因素(特别是对环境的有害影响)来取得积极效果。

比如:用废弃的热能来发电;废品的回收与再利用;如图 6.50 所示,汽车上的涡轮增压技术是利用发动机排出的废气惯性冲力来推动涡轮室内的涡轮,进而压缩空

图 6.50　变害为利措施①的示例

气来增加发动机的进气量,实现增加发动机的输出功率。

②"以毒攻毒",用另一个有害作用来中和,以消除物体所存在的有害作用。

比如:在腐蚀性的溶液中添加缓冲剂;在潜水中使用氮氧混合气,以避免单独使用造成昏迷和中毒(消除空气或其他氮化物混合带来的氮麻醉和氧中毒);如图 6.51所示,电厂发电产生的碱性废水,可以用来中和酸性废气。

③加大有害因素的程度,直到有害性消失。

如图 6.52 所示,用逆火烧掉一部分植物,形成隔离带,来防止大火的蔓延。

图 6.51　变害为利措施②的示例

图 6.52　变害为利措施③的示例

【解读发明措施 22——变害为利】

发掘废弃物中的可使用价值,进行废物回收,循环利用;用同一类或不同种类的有害作用来中和、抵消和消除现有的有害作用。

(23)反馈

反馈(Feedback)措施有 2 个实施细则:

①引入反馈,提高性能。

比如:预算——根据测算结果,修正预算;音乐喷泉;系统过程控制中,用测量值来决定什么时候对系统进行修正;如图 6.53 所示的感应自动门。

②如果已经引入了反馈,则改变其大小和作用。

比如:在机场 8 千米范围内,改变自动驾驶仪的灵敏度;加热和制冷过程中,由于制冷时能源效率低,因此需要设置恒温器的不同灵敏度;管理评价方式由考虑预算差异变为提高客户满意度;温度控制器;如图 6.54 所示的自动驾驶汽车。

图 6.53　反馈措施①的示例　　　　图 6.54　反馈措施②的示例

【解读发明措施 23——反馈】

构建系统运行的闭环控制,将系统的状态信息反馈到控制系统,调节系统运行以达到期望目标;已经存在闭环控制,可根据实际情况,通过调整矫正幅度达到最好效果。

(24)借助中介物

借助中介物(Intermediary)措施有 2 个实施细则:

①采用中介体传递或完成所需动作。

比如:木匠的冲钉器,用在榔头和钉子之间;机械传动中的惰轮;用拨子弹奏乐器;使用镊子夹取细小零件;机械加工中,钻孔用的导套;如图 6.55 所示的吸管。

②把一个物体和另一个容易去除的物体临时结合在一起。

比如:饭店服务员使用托盘上菜;等截面薄壁油管折弯(填充沙子);如图 6.56 所示的杯子的托盘。

图 6.55　借助中介物措施①的示例　　　图 6.56　借助中介物措施②的示例

【解读发明措施 24——借助中介物】

对于一个不能直接解决的问题,通过引入一个物体(中介物),来完成原本难以实现的动作或功能,或者消除、隔离有害作用。

(25)自服务

自服务(Self-Service)措施有 2 个实施细则:

①使物体具有自补充和自恢复功能以完成自服务。

比如:冷饮柜台泵,根据二氧化碳压力来进行自动工作,不需要传感器;卤素灯在挥发材料再沉淀后,能够自动重建灯丝;自清洗烤箱;自动补充饮水机;自动磨刀系统;如图 6.57 所示,水下呼吸器的气压是 1.38 MPa,当空气到达潜水员肺部时,气压必须降至 0.023 MPa~0.028 MPa,为达到减压目的,压缩空气被传送到潜水员背部活动的助推器内,可使水下运动距离增加到 7 倍。

②利用废弃的资源、能量或物资。

比如:利用余热发电;用动物排泄物作为肥料;用食物、草等有机废物做复合肥;把麦秸或玉米秆等直接填埋做下一季庄稼的肥料;如图 6.58 所示,用风力发电。

图 6.57　自服务措施①的示例　　　　图 6.58　自服务措施②的示例

【解读发明措施 25——自服务】

利用自身或者废弃的资源、能量和物质,结合重力、膨胀力、磁力等物理、化学效应来实现自动补充、恢复等功能,维持系统持续正常工作。

(26)复制

复制(Copying)措施有 3 个实施细则:

①使用更简单、更便宜的复制品代替难以获得的、昂贵的、复杂的、易碎的物体。

比如:用计算机上的虚拟漫游代替昂贵的旅行;听录音带而不亲自参加研讨会;

虚拟驾驶游戏机;外置墨盒加注系统,兼容硒鼓;如 6.59 所示,医生可用磁共振来观察病人身体内部的三维图像。

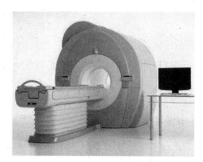

图 6.59 复制措施①的示例

②用光学复制品或图像来代替实物,可以按比例放大或缩小图形。

比如:用空间摄影技术进行调查,而不是实地进行;通过测量其照片来测量一个对象;如图 6.60 所示,用声波来评估胎儿的健康状况,而不冒险采用直接测量的方法。

③如果可视的光学复制品已经被采用,可进一步扩展到红外线或紫外线复制品。

比如:用红外图像来检测热源(例如针对农作物疾病,或者安保系统中的入侵者);如图 6.61 所示,利用紫外光诱杀蚊蝇。

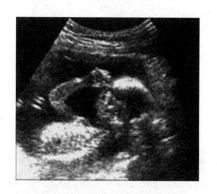

图 6.60 复制措施②的示例

图 6.61 复制措施③的示例

【解读发明措施 26——复制】

采用虚拟现实中的各种技术来代替现实场景而获得原本昂贵的、复杂的、难以获得的信息;使用简单、便宜的复制品来替代原本昂贵的、复杂的、难以获得的物体;使用照片等光学影像技术来代替实物,能够很容易按比例进行缩放;将可视光学复制品扩展到红外、紫外频谱范围。

(27)廉价替代品

廉价替代品(Cheap Short-Living Objects)措施只有 1 个实施细则:

用若干廉价的物品代替一个昂贵的物品,在某些质量特性(例如使用寿命)上作出妥协。

比如：使用一次性的纸用品，避免因清洁和储存耐用品带来的费用（例如酒店里的塑料杯、多种一次性的医疗用品）；用纸火柴代替木棍火柴和打火机；纸鞋垫；如图6.62所示的一次性尿不湿。

图6.62　廉价替代品措施的示例

【解读发明措施27——廉价替代品】

用一次性用品代替多次重复使用品，短寿命代替长久耐用，廉价代替昂贵等做法来达到节省资源，减少耐用品重复使用时额外产生的人力、物力、费用和时间等目的。

(28)机械系统替代

机械系统替代(Mechanics Substitution)措施有4个实施细则：

①用视觉、听觉、味觉和嗅觉系统，感官刺激的方法代替机械手段。

比如：用声学"栅栏"（动物可听见的声学信号）代替真正现实中的栅栏，来限制狗或猫的行动范围；光栅开关（电梯的门的开关）；如图6.63所示，用声控来替代走廊灯的机械开关。

②采用与物体相互作用的电、磁或电磁场。

比如：为了混合两种粉末，使用静电的方法，让一种粉末带有正电荷，另一种带有负电荷，把它们混合，正负电荷导致粉末颗粒成对地结合起来；如图6.64所示，玻璃擦驱动磁铁与玻璃对面的磁场相互作用实现双面擦玻璃。

图6.63　机械系统替代措施①的示例

图6.64　机械系统替代措施②的示例

③场的替代：从恒定场到可变场，从固定场到随时间变化的场，从随机场到有组织的场。

比如：早期通信中采用全方位的发射，现在使用有特定发射方式的天线；如图6.65所示的磁流变阻尼器，可根据外界环境情况变换磁场，达到调节阻尼大小的目的。

④将场和铁磁离子组合使用。

比如：铁磁催化剂，呈现顺磁状态；如图 6.66 所示的电饭锅防干烧系统，通过使用变化的磁场加热含铁磁材料的物质（感温铁氧体），当温度超过居里点时，材料变成顺磁性，并且不再吸收热量。

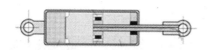

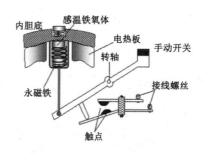

图 6.65　机械系统替代措施③的示例　　　图 6.66　机械系统替代措施④的示例

【解读发明措施 28——机械系统替代】

用声、光、电、磁等物理系统代替复杂机械系统来实现和增强系统功能，可大大简化系统结构，减小系统体积，节约生产成本，是目前机电一体化产品的典型特征。

(29) 气压与液压

气压与液压（Pneumatics and Hy-draulics）措施只有 1 个实施细则：

使用气体或液体代替物体的固体零部件。利用气垫、液体静压、流体动压产生缓冲功能。

比如：汽车安全气囊；儿童游乐气房子；如图 6.67 所示，快递中的易碎品使用充气袋保护。

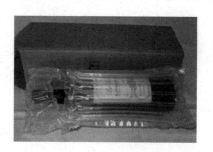

图 6.67　气压与液压措施的示例

【解读发明措施 29——气压与液压】

封闭的气体或液体受力会产生变形，吸收一部分能量，起到缓冲作用，减少冲击危害。

（30）柔性外壳和薄膜

柔性外壳和薄膜(Flexible Shells and Thin Films)措施有 2 个实施细则：

①使用柔性外壳和薄膜代替传统的三维结构。

比如：使用膨胀的（薄膜）结构作为冬天里网球场上空的遮盖；大棚蔬菜；如图 6.68 所示的充气儿童城堡。

②用柔性外壳和薄膜把对象和外部环境隔开。

比如：在贮水池上漂浮一层双极材料（一面亲水，一面厌水）来限制水的蒸发作用；如图 6.69 所示的雷达天线罩。

图 6.68　柔性外壳和薄膜措施①的示例

图 6.69　柔性外壳和薄膜措施②的示例

【解读发明措施 30——柔性外壳和薄膜】

用柔性壳体或薄膜来代替传统的三维结构，以达到快速构建的目的，还可以将对象和外部环境隔离开来，达到防护、透光、过滤、调整空间大小等目的。

（31）多孔材料

多孔材料(Porous Materials)措施有 2 个实施细则：

①使物体多孔或添加多孔元素（如插入、涂层等）。

比如：在一个结构上钻孔以减轻质量；含油轴承；空心砖；海绵；大米淘洗后，冷冻，再蒸煮，比较容易熟；如图 6.70 所示的泡沫金属。

②如果一个物体已经是多孔的，则利用这些孔引入有用的物质或功能。

比如：用多孔的金属网吸走接缝处多余的焊料；海绵钯储存氢（比用氢气罐存储氢气要安全得多）；药棉；如图 6.71 所示，"碳海绵"很轻，可站在花蕊上，可任意调节形状，弹性也很好，被压缩 80% 后仍可恢复原状，"碳海绵"对有机溶剂有超快、超高的吸附力，只吸油，不吸水，"碳海绵"这一特性可用来处理海上原油泄漏事件——把"碳海绵"撒在海面上，就能把漏油迅速吸进来。

图 6.70　多孔材料措施①的示例　　　　　图 6.71　多孔材料措施②的示例

【解读发明措施 31——多孔材料】

去除物体的部分物质,形成含孔或多孔材料,达到减轻质量、容纳有益物质和功能等目的。

(32)改变颜色

改变颜色(Color Changes)措施有 4 个实施细则:

①改变物体或周围环境的颜色。

比如:在冲洗照片的暗房中使用红色暗灯;随着温度改变颜色的示温油漆,可用于测量室内温度;人行斑马线;pH 试纸;变色镜;如图 6.72 所示的红绿灯。

②改变难以观察的物体或过程的透明度或可视性。

比如:在半导体的处理过程中,采用照相平版印刷术将透明材料改成实心遮光板;在丝网印花处理中,将遮盖材料从透明改成不透明;感光玻璃;如图 6.73 所示,微波炉的门为透明材料,以便观察食物的变化情况。

图 6.72　改变颜色措施①的示例　　　　　图 6.73　改变颜色措施②的示例

③采用有色添加剂或发光物质,使不易观察的物体或过程容易观察到。

比如:研究水流实验中,给水加入颜料;如图 6.74 所示,飞行表演中,飞机拉出彩烟。

④如果已经使用了添加剂,则考虑增加发光成分。

比如:借助发光迹线,追踪物质;如图 6.75 所示,用紫外光笔辨别伪钞。

图 6.74　改变颜色措施③的示例　　　　图 6.75　改变颜色措施④的示例

【解读发明措施 32——改变颜色】

通过丰富多彩的颜色来提醒人们;将不透明的物体变成透明物体,采用添加剂或者发光物质,便于人们观察。

(33)同质性

同质性(Homogeneity)措施只有 1 个实施细则:

将物体或与其相互作用的其他物体用同一种材料或特性相近的材料制作。

比如:使用与容纳物相同的材料来制造容器,以减少发生化学反应的机会;输血;如图 6.76 所示,手术缝合用易于人体吸收的羊肠线、化学合成线(PGA)、纯天然胶原蛋白缝合线。

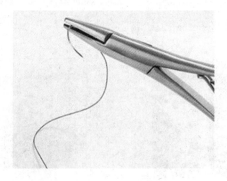

图 6.76　同质性措施的示例

【解读发明措施 33——同质性】

用同种材料或近似材料与原物体一起使用,避免不良反应,便于吸收和融合。

(34)抛弃与再生

抛弃与再生(Discarding and Recovering)措施有 2 个实施细则:

①采用溶解、蒸发等手段抛弃物体中已经完成其功能的零部件,或在工作过程中直接变化。

比如:在用玉米淀粉制作的包装上洒水,能看到其体积缩小1000倍(澳大利亚开发出玉米淀粉制成遇水分解的塑料包材);卫星天线在植入轨道时受压缩空气作用而膨胀,压缩空气将薄膜撑起使天线变成球形,太阳光和真空部分使薄膜自动消失,从而使天线能发射无线电波;如图6.77所示,在药品中使用消溶性胶囊。

②在过程中迅速补充物体所消耗和减少的部分。

比如:割草机的刀片可自动磨快;人体新陈代谢;汽车发动机在运转过程中会自动调整(每10万英里会自动调整一次);如图6.78所示的自动铅笔。

图 6.77 抛弃与再生措施①的示例　　　　图 6.78 抛弃与再生措施②的示例

【解读发明措施34——抛弃与再生】

完成相应功能的部分采用溶解、蒸发等手段,从系统主体中分离或消失;迅速补充损耗或减少部分,使系统回到正常工作状态。

(35)参数变化

参数变化(Parameter Changes)措施有4个实施细则:

①改变物体的物理状态(气态、液态或固态)。

比如:酒芯巧克力制作工艺(在制作甜心糖果的过程中,先将液态的夹心冰冻,然后浸入溶化的巧克力中,这样避免处理杂乱、胶黏的热夹心液体);运输液态氧和氮,其体积比气态的要小;如图6.79所示的液化气罐。

②改变物体的浓度或黏度。

比如:液体肥皂是浓缩的,而且从使用的角度看比固体肥皂更有黏性,更容易分配合适的用量,当多人使用时也更加卫生;如图6.80所示的沥青可用于道路路面铺设。

图 6.79　参数变化措施①的示例

图 6.80　参数变化措施②的示例

③改变物体的柔性。

比如：用可调节的阻尼器来降低货物装入集装箱时的噪音，主要是限制集装箱壁的震动；使橡胶硫化（硬化）来改变其柔韧性和耐久性；如图 6.81 所示，用柔性塑料作为家具支脚。

④改变物体的温度。

比如：温度升高到居里点以上，铁磁体将改变成顺磁体；通过升高温度来加工食物（改变食物的味道、气味、组织、化学性质等）；降低医学标本的温度来保存它们，以用于今后的研究；如图 6.82 所示的冷冻食品。

图 6.81　参数变化措施③的示例

图 6.82　参数变化措施④的示例

【解读发明措施 35——参数变化】

通过改变物体的固、液、气三种状态，来改变体积、形状等参数，以达到便于运输、控制等目的；通过改变柔性来达到减震、降噪和减少磨损等目的；通过改变物体的温度来改变物体的性能，对于食物来说，可以起到保鲜、防腐等功能。

（36）相变

相变（Phase Transitions）措施只有 1 个实施细则：

利用物体相变转换时发生的某种效应或现象（例如热量的吸收或释放、体积变化等）。

比如：热力泵就是利用一个封闭的热力学循环中，蒸发和冷凝的热量来做有用功的；如图 6.83 所示的热管散热器。

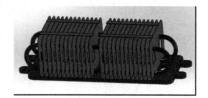

图 6.83　相变措施的示例

【解读发明措施 36——相变】

常见的物体有三种状态（也称为相态）：气态、液态和固态，在三种相态转换过程中，会出现吸收或释放热量、改变体积、产生推动力等效应，利用这些效应可以实现很多有益功能。

（37）热膨胀

热膨胀（Thermal Expansion）措施有 2 个实施细则：

①利用热膨胀或热收缩的材料。

比如：过盈配合装配中，冷却内部件使之收缩，和/或加热外部件使之膨胀，装配完成后恢复到常温，内、外件就实现了紧配合装配；如图 6.84 所示的温度计。

②组合使用多种具有不同热膨胀系数的材料。

比如：在轴承中由热膨胀产生的空隙，可以由两个具有不同热膨胀系数的金属做成锥形体来调整；如图 6.85 所示的双金属片温度计，是使用两种不同膨胀系数的金属材料并联结在一起而制成的，当温度变化时双金属片会发生弯曲。

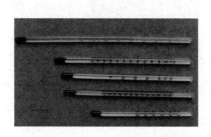

图 6.84　热膨胀措施①的示例

图 6.85　热膨胀措施②的示例

充分利用材料的热膨胀/热收缩特性,或者组合不同膨胀系数的材料,随着温度的变化,来实现有益功能。

(38)加速氧化

加速氧化(Strong Oxidants)措施有 4 个实施细则:

①使用富氧空气代替普通空气。

比如:水下呼吸器中存储压缩空气,以保持长久呼吸;如图 6.86 所示的制氧机。

②使用纯氧代替富氧空气。

比如:在炼铁炉中加入纯氧,可以加快去除铁水中的杂质;用高压氧气处理伤口,既杀灭厌氧细胞,又帮助伤口愈合;如图 6.87 所示,用氧气-乙炔火焰做高温切割。

图 6.86　加速氧化措施①的示例

图 6.87　加速氧化措施②的示例

③使用电离射线处理空气或氧气,使用电离子化的氧气。

比如:使用离子化气体加快化学反应速度;如图 6.88 所示,空气净化器通过电离空气来捕获污染物。

④用臭氧代替离子化的空气。

比如:臭氧溶于水中去除船体上的有机污染物;在潜水艇压缩舱的发动机中用臭氧做氧化剂,可使燃料得到充分燃烧。

图 6.88　加速氧化措施③的示例

【解读发明措施 38——加速氧化】

利用从一级向更高一级的氧化转换(从空气到富氧空气、从富氧空气到纯氧气、从纯氧到离子化的氧、从离子化的氧气到臭氧)来充分发挥氧原子的作用,达到加快反应速度、杀菌消毒等目的。

(39)惰性环境

惰性环境(Inert Atmosphere)措施有2个实施细则:

①用惰性环境代替通常环境。

比如:用氩气等惰性气体填充灯泡,防止发热的金属灯丝氧化,也可以做成霓虹灯;轮胎补充氮气;如图6.89所示,用泡沫隔离空气(氧气),起到灭火作用。

②在真空中完成过程。

比如:太阳能真空管;如图6.90所示的真空包装。

图6.89　惰性环境措施①的示例　　图6.90　惰性环境措施②的示例

【解读发明措施39——惰性环境】

用真空、气体、液体或者固体制造一种与外界隔绝的环境,减轻或者杜绝外部不良因素的影响。

(40)复合材料

复合材料(Composite Materials)措施只有1个实施细则:

将单一材料改成复合材料。

比如:复合的环氧树脂/碳素纤维高尔夫球杆比金属球杆更轻,强度更好,而且更具有柔韧性;玻璃纤维制成的冲浪板更轻、更容易控制,而且与木制的相比更容易做成各种不同的形状;如图6.91所示的钢筋混凝土结构。

图6.91　复合材料措施的示例

【解读发明措施 40——复合材料】

充分利用多种材料的各自性能优点，让它们共同协作，以获得单一材料难以达到的优良性能。

6.3 发明措施的应用和深入理解

6.3.1 如何应用 40 个发明措施

无论是经典 TRIZ 还是现代 TRIZ 对于发明措施的应用，基本就是两个途径：一是通过寻求技术矛盾，确定工程参数，查阅阿奇舒勒矛盾矩阵表[①]（附录 2），重点考察和运用矩阵单元内编号所代表的发明措施；另一个是找到物理矛盾，运用合适的分离原理，找到每个分离方法背后的支撑发明措施。

现实生活或工程实践中，遇到困惑和难题，可以参考 40 个发明措施以及其实施细则，通常会有很大的启发作用，可以极大地拓宽思路，提升创造能力。

每一个发明措施都可以在宏观和微观水平上应用，在宏观情况下是利用"大块头"，在微观情况下是利用分子、离子、原子。任何发明都不外乎于在已有原型基础上进行的四种转换："从宏观到宏观"，很少会超过三级发明；"从宏观到微观"，通常会产生四级或五级发明；"从微观到微观"，如果变化发生在一个水平的范围内（分子始终是分子），那么它产生不超过三级发明；"从微观到微观"，如果变化发生在水平之间（分子永久地或暂时地被较小的单位或场替代），那就会产生超过三级发明。"从微观到宏观"，这种发明非常罕见，因为这与技术系统的进化趋势相矛盾，它要求技术系统"粗放化"。

6.3.2 单一措施的有效性

人们通常将每一个发明措施的有效性，就看作是它的应用频率。

有学者在评价某一措施有效性的时候，通过同时考虑发明措施的应用频率和所产生专利的级别两个因素，定义了有效系数，通过有效系数的计算区分了发明措施的有效性，将措施分为有力措施和不力措施。

---

① MANN D,DEWULF S,ZLOTIN B,ZUSMAN A. Matrix 2003. Ieper:Creax Press,2003.

不力措施是陈旧的,并且使事物专门化;有力措施要新得多,并且使事物接近于理想机器、理想方法或理想物质。在有力措施里,体现了原则上是新的(相反的)方法(发明措施 13,22),利用了物理效应(发明措施 28,36),其效果比陈旧的不力措施更细微、更巧妙。

比如:发明措施 19——周期性作用和 20——连续有效作用,看起来,这两个措施是同种类的,但是措施 20 的有效系数是措施 19 有效系数的 2.5 倍。为什么呢? 因为连续有效作用接近理想方法,而周期性作用(间断作用)则是背离理想方法的。只在一些特殊的场合里,当过渡到脉动性工作方式所产生新的效果能抵偿间歇期的时间损失时,这种对理想方法的背离,才是可以接受的。

又比如:发明措施 9——预先反作用比 10——预先作用要有效,原因在于,措施 9 实质上包括了两个步骤,即预先作用(措施 10)和反过来作用(措施 13)双重的措施,当然会导致事物更彻底的改变,因此,比单一的措施有效。

于是,有力措施的特征是:能从根本上改变物体;使事物接近理想结果;是几种作用的综合。

6.3.3 40 个发明措施的应用层次

40 个发明措施就像一套工具一样,经过单独和组合应用就形成一个多层次的应用体系,其价值超过了这套工具的各件工具价值的总和。

第一层次是基本措施(单一措施)。有时一个措施好,有时另一个措施好,不能一概而论,发明措施单独使用时有效性不高,属于不力措施。

第二层次是较有效的成对措施("正-反"措施对)。有专家指出,所有的发明措施都可以形成"正-反"措施对,40 个发明措施中的一些措施,本身就是这样的"正-反"措施对(34——抛弃与再生),另外一些措施,总能找到与之配对的措施。成对使用发明措施,比单独使用发明措施要有效得多。

第三层次是复杂措施,它是基本措施、成对措施与其他措施的结合。对于复杂的课题来说,要解决它们,就需要将若干个措施按一定的次序联合起来使用。往往措施的综合体越复杂,就能越清楚地指向技术系统发展的方向。增加反馈程度,从非物-场体系过渡到物-场体系,从物-场体系变到磁-物-场体系,从磁-物-场体系发展到 CPS (Cyber-Physical System)体系……这就是技术体系发展的趋势,并且是主要的趋势。

6.4　发明措施与技术进化趋势的关系

技术进化趋势一直被认为是 TRIZ 的底层基础逻辑和理论基础，TRIZ 的发明措施、标准解等工具都是其具体的表现形式。TRIZ 大师尤里·丹尼洛夫斯基（Yury Denilovsky）经过研究，将 40 个发明措施与技术进化趋势做了对应。由于技术进化趋势是一个目前仍然在发展的理论，不断有新提法涌现，尤里大师所列的技术进化趋势与本教材也有些出入，此处仅列写相同技术进化趋势所对应的发明措施。

表 6.2　发明措施与技术进化趋势的对应关系

技术进化趋势	发明措施编号
曲线进化趋势	1,5,13,17
提高理想度进化趋势	1,5,20,34
向超系统进化趋势	2,6,13,22,27,33,34
增加协调性进化趋势	4,9,19,14,16,21,25
增加动态性进化趋势	15,18,37
完备性进化趋势	11,23,26
流增强进化趋势	7,12,17,23,24,26
向微观级进化趋势	1,28,30,31,34,40

6.5　TRIZ & Me 实验与讨论——发明措施应用实战

6.5.1　实验目的

①学习使用国家知识产权局网站检索和下载、阅读国内外专利。

②剖析已发布专利中所应用的发明措施。

③学习应用发明措施及其实施细则激发创意的过程和方法。

6.5.2　实验准备

①阅读本章内容，完成课堂学习。

②组建实验小组。

③配备一台联网设备，最好是计算机和平板电脑，便于工作。

④在日常生活中，找到身边的 1 个装置、设备、工具等。

6.5.3　实验内容与步骤

①分别检索、下载感兴趣的中国发明专利和美国专利各 1 个。

网站：_____

_____

_____

_____

②阅读每个专利，搞清楚专利的基本工作原理，结合专利插图用自己的语言简
要地描述专利中的各权利项内容。

_____

_____

_____

_____

③总结和提炼出专利中蕴含了哪些发明措施。体会一下发明措施是怎么被实
际应用的。

_____

_____

_____

_____

_____

④小组讨论，选定身边的 1 个装置、设备、工具等。

_____

_____

_____

_____

_____

⑤通过图片、简图等方式,弄清楚这个技术系统的各项功能,用自己的语言配上图形进行简明描述。

_____

_____

_____

_____

⑥针对自己的技术系统逐一尝试应用发明措施及其实施细则,开展创意激发活动,在这个过程中要应用"头脑风暴""网络搜索"等手段来进一步提升效果,尽可能详尽地记录过程信息,不管想到的创意有多离奇和疯狂,都要写下来,汇总成表格。

_____

_____

_____

_____

⑦大家对所有创意进行讨论,对满足专利申请条件的创意启动申请专利工作。

_____

_____

_____

_____

⑧回顾和反思整个实验过程,总结经验和教训,逐步内化为自己的创新招数。

_____

_____

_____

_____

_____

6.5.4　实验总结

_____

_____

_____

_____

_____

6.5.5　实验评价

实验小组成员及组内评价：_____

_____

_____

_____

_____

6.6　习　题

①消防器材中的水管衔接,应用了什么发明措施?

②医院照射 X 光,应用了什么发明措施?

③凸轮机构,应用了什么发明措施?

④USB 插头结构,应用了什么发明措施?

⑤智能手机的功能,应用了什么发明措施?

⑥水陆两用坦克,应用了什么发明措施?

⑦交通工具中什么地方应用了嵌套原理?

⑧沉船打捞,应用了什么发明措施?

⑨矫正畸形牙齿,应用了什么发明措施?

⑩老人手机中的一键拨号,应用了什么发明措施?

⑪超市中的防盗扣,应用了什么发明措施?

⑫三峡大坝修建五级船闸,应用了什么发明措施?

⑬吸尘器,应用了什么发明措施?

⑭建筑和桥梁中的拱形和圆形的形状,应用了什么发明措施?

⑮木质家具中的榫头和榫眼的连接,应用了什么发明措施?

⑯繁华地带的立体停车场,应用了什么发明措施?

⑰攀登雪山的人员不能大声呼喊,应用了什么发明措施?

⑱自由泳比蛙泳的速度快,应用了什么发明措施?

⑲高速切削薄壁零件,应用了什么发明措施?

⑳红外感应水龙头,应用了什么发明措施?

㉑飞机外壳用复合材料制造,应用了什么发明措施?

㉒轻便高强的多层防弹服,应用了什么发明措施?

㉓耐磨的强化复合实木地板,应用了什么发明措施?

㉔用高强水泥与玻璃钢制作的防窃下水井盖,应用了什么发明措施?

㉕石墨纤维与树脂复合,可得到膨胀系数几乎为零的材料,应用了什么发明措施?

㉖一些顶级跨国公司将产品开发团队与不同的文化及地域背景相结合,力图满足不同区域市场的需要,应用了什么发明措施?

第 7 章

技术矛盾及其解决方法

7.1　通用工程参数

正如第3章内容所介绍的,技术系统因其自身所具有的技术属性,通过与超系统组件接触施加某种作用而产生功能。技术属性通常采用相关参数来描述,由参数的数值来度量。当研究一个技术系统时,总是要特别考虑某些参数。工程师、科学家或者设计者在研究系统或解决问题时,所用到的参数可能是行业特定的具体参数,具有很强的专业性。这些参数众多,而且还在不断地扩展。

阿奇舒勒的研究团队在分析大量专利的时候发现,若直接使用这些行业特定的参数来分析发明问题,可操作性不强。他们通过研究后指出,所有工程问题都可以使用一系列有限的通用工程参数来描述。其中包括:物理属性参数(如面积、体积、质量等)、性能属性参数(如能量、力、速度等)、能力属性参数(如可靠性、可制造性、可保持性等),还有环境方面的参数,以及大多数制造业最为关注的成本相关的参数等。

阿奇舒勒团队对工程领域内数量众多的工程参数进行一般化处理,最终确定了能够表达工程系统技术性能的39个通用工程参数,并对它们进行了编号,其描述详见表7.1。

表 7.1　阿奇舒勒 39 个通用工程参数

编号	参数名称	描述
1	运动物体的质量	受自身位置变化或外力影响的物体的数量或质量
2	静止物体的质量	不受自身位置变化或外力影响的物体的数量或质量
3	运动物体的长度	受自身位置变化或外力影响的物体的尺寸,如长度、宽度、高度等
4	静止物体的长度	不受自身位置变化或外力影响的物体的尺寸,如长度、宽度、高度等
5	运动物体的面积	受自身位置变化或外力影响的物体所占有的定义边界内的表面
6	静止物体的面积	不受自身位置变化或外力影响的物体所占有的定义边界内的表面
7	运动物体的体积	受自身位置变化或外力影响的物体所占有的物体所占有的空间体积
8	静止物体的体积	不受自身位置变化或外力影响的物体所占有的物体所占有的空间体积
9	速度	运动距离、完成作用与时间之比
10	力	可以改变物体状态的相互作用

编号	参数名称	描述
11	应力或压力	作用在系统上的力及其量的强度;单位面积上的力
12	形状	物体外部轮廓或系统的外观
13	结构的稳定性	系统的完整性及系统组成部分之间的关系。可以是整体或部分,永久或暂时的
14	强度	系统或对象在一定的条件下、一定范围内吸收各种作用而不被破坏的能力
15	运动物体作用时间	对象的作用持续时间可以快速、容易地随自身位置的变化或外力影响而改变
16	静止物体作用时间	对象的作用持续时间无法随自身位置的变化或外力影响而改变
17	温度	物体或系统的冷热程度。通常用温度计测量
18	光照度	光的数量或光照的程度,及其他系统的光照特性,如亮度、光线质量
19	运动物体的能量	可以快速、容易地随自身变化或外力影响而改变位置的物体所消耗的能量或资源的数量
20	静止物体的能量	无法快速、容易地随自身变化或外力影响而改变位置的物体所消耗的能量或资源的数量
21	功率	单位时间完成的工作
22	能量损失	系统全部或部分、永久或暂时的工作能力损失
23	物质损失	部分或全部、永久或临时的材料、部件或子系统等物质的损失
24	信息损失	系统周围部分或全部、永久或临时的数据或信息(书写、电子、可视、口语、嗅觉等)损失
25	时间损失	执行一个给定的动作(制造、修理、操作等)所需的时间(全部或部分、永久或临时)的增加
26	物质或事物的数量	材料、部件及子系统等的数目或数量部分或全部、临时或永久地被改变
27	可靠性	系统在一定的操作维护、维修和运输条件下持续履行规定的功能的能力
28	测试精度	准确测量实际值的能力
29	制造精度	加工制造物体以符合其设计规格的能力
30	物体对外部有害因素作用的敏感性	系统受外界有害影响的容易程度

编号	参数名称	描述
31	物体产生的有害因素	有害的副作用,由可能降低系统运行效率和运行质量的系统本身结构或固有特性所产生
32	可制造性	物体或系统制造过程的简单、方便的程度
33	可操作性	物体或系统操作的简单、方便的程度
34	可维修性	物体或系统维修故障与失效的简单、方便的程度
35	适应性及多用性	物体或系统响应外部变化的能力,或应用于不同条件下的能力
36	装置的复杂性	组成系统组件的数量或种类,及其之间的相互关系,或用户掌握设备的困难度
37	监控与测试的困难程度	测量系统或物体的属性,或监视其性能的成本和复杂性
38	自动化程度	系统或物体在无需人的干扰或帮助下完成任务的能力
39	生产率	系统单位时间执行的操作数或单一操作所用的时间

通用工程参数包括一些物理、几何和技术性能的参数,其中有积极性参数,如稳定性、强度、可靠性、可制造性、制造精度、生产率等;也有消极性参数,如能量损失、物质损失、时间损失、运动物体作用时间、静止物体作用时间等;还有中性参数,如质量、长度、面积、体积、力、速度、温度、功率等。

7.2 技术矛盾及其描述方法

在哲学中我们知道,矛盾无处不在。在技术系统中,同样存在性能参数之间的矛盾。

技术矛盾是经典 TRIZ 中的一个基本概念。为了解释这个概念,我们先来思考这样一个问题:在一个飞机的设计项目中,如果增加飞机机翼的尺寸,那么可以提高飞机的升力,但是飞机的质量就会增加。提高升力是设计所希望的,但增加质量却不是希望的。这种为了改善一个参数而导致另一个参数恶化的情况,在 TRIZ 中被称为"技术矛盾"。

这里所说的改善,是指积极性参数度量值增大,或消极性参数度量值减少;所谓恶化,是指积极性参数度量值减少,或消极性参数度量值增大;对于中性参数而言,改善或者恶化是度量值的增大还是减少,要根据具体的问题情境来判断。

技术矛盾的两个参数,如同一个跷跷板的两端,一端的升高(改善)对应着另一端的降低(恶化)。

技术矛盾有多种表达方式,现代 TRIZ 推荐做法是:将分析发现的关键问题,采用"如果……那么……但是……"的语句来描述。如表 7.2 所示,在技术矛盾描述-1中,A 为工程的解决方案,改善的参数为 B,恶化的参数为 C。为了验证这个技术矛盾描述得是否正确,一般还要采用技术矛盾描述-2 的方法进行再次描述。

表 7.2　技术矛盾的描述

	技术矛盾描述-1	技术矛盾描述-2
如果	工程的解决方案(A)	工程的解决方案(-A)
那么	改善的参数(B)	改善的参数(C)
但是	恶化的参数(C)	恶化的参数(B)

如果技术矛盾描述-1 和技术矛盾描述-2 都成立,才能说明所描述的技术矛盾是准确的;否则,说明描述不正确。

【示例 7.1】飞机机翼设计中技术矛盾的描述

在机翼设计的例子中,可以用表 7.3 来描述"飞机升力"与"飞机质量"这一对技术矛盾:

表 7.3　机翼设计中一对技术矛盾的描述

	技术矛盾描述-1	技术矛盾描述-2
如果	增加机翼的尺寸	减少机翼的尺寸
那么	提高飞机的升力	减小飞机的质量
但是	飞机的质量增加	飞机的升力降低

对待矛盾的问题,人们通常采取折中的办法来解决。例如在示例 7.1 中,增加一些金属材料使机翼变得略大,但材料不能过多,以免使机翼太过沉重。这种方法并没有彻底解决技术矛盾,因此,不是理想结果。设计需要找到的理想解决方案并不是折中的解决方案,而是在不妥协折中的条件下彻底解决这个矛盾,同时满足飞机升力提高、质量又不会增加这两个参数需求。

7.3 技术矛盾的解决方法

7.3.1 阿奇舒勒矛盾矩阵

第 6 章所述 TRIZ 的 40 个发明措施,是产生创新方案、解决技术矛盾的有力工具。为了提高 40 个发明措施解决技术矛盾的运用效率,阿奇舒勒通过对特定技术矛盾与解决矛盾所用发明措施之间相关性进行了统计分析,提出了一个矛盾矩阵。该矛盾矩阵几乎对每一对特定技术参数推荐了 3~4 种统计得到的通用的发明措施(即通过专利分析统计可解决某一种技术矛盾数量较为显著的方法),是解决技术矛盾推荐采用的发明措施。表 7.4 所示是阿奇舒勒矛盾矩阵的一部分,完整表格详见本书附录 2。

表 7.4 阿奇舒勒矛盾矩阵

你想改善的参数 \ 你想削弱的参数	1 运动物体的质量	2 静止物体的质量	3 运动物体的长度	4 静止物体的长度	5 运动物体的面积	……	39 生产率
1 运动物体的质量	+	—	15,8,29,34	—	29,17,38,34		35,3,24,37
2 静止物体的质量	—	+	—	10,1,29,35	—		1,28,15,35
3 运动物体的长度	8,15,29,34	—	+	—	15,17,4	……	14,4,28,29
4 静止物体的长度	—	35,28,40,29	—	+	—		30,14,7,26
5 运动物体的面积	2,17,29,4	—	14,15,18,4	—	+		10,26,34,2
……		……					……
39 生产率	35,26,24,37	28,27,15,3	18,4,28,38	30,7,14,26	10,26,34,31	……	+

这是一个 39 行 39 列的矩阵。每一行、每一列的表头都表示 39 个通用工程参数中的一个参数。行中的参数为欲改善的参数,而列中的参数为被恶化参数。矩阵中间每一个单元都是一个改善行参数与一个恶化列参数的交叉位置,推荐了几个可以用来解决这对技术矛盾的发明措施。

从阿奇舒勒矛盾矩阵中不难发现,在很多矩阵单元里都有一些数字,这些数字所代表的就是可以有效解决这对技术矛盾的 40 个发明措施的编号。这些发明措施是通过对大量专利的研究所分析统计出来的,由于在以往发明专利中这些发明措施能够高效解决不同工程领域中这个单元所对应的技术矛盾,所以多半也能有效解决以后所遇到的同类技术矛盾。比如,示例 7.1 中所提到的,提高飞机升力的同时,增加了飞机的质量。这个问题在潜艇中可能遇到过,在气垫船中有可能遇到过,在航天飞机中也可能遇到过。通过这些领域的发明所提取出来的发明措施,多半也可以解决飞机中升力和质量的问题。

同时从矩阵中还可以看到,有些单元是没有数据的,但这并非意味着这对技术矛盾无解,而是在统计上没有显著倾向性的发明措施,也就是说在处理这一对技术矛盾的时候,40 个发明措施运用的概率是差不多的,因此在解决这些技术矛盾的时候,需要尝试 40 个发明措施。

还有一些矩阵单元以"一"填充,表示这两个参数发生矛盾的可能性比较小,但如果真的有技术矛盾存在,也没有统计上显著的发明措施,需要尝试 40 个发明措施。

对于那些有发明措施编号的矩阵单元,其中的数字只是意味着在解决这类技术矛盾的时候,从统计上来看这几种措施出现的概率比较高;对于没有在矩阵单元出现的其他发明措施,也有可能用来解决这类技术矛盾,只不过,在统计上,他们出现的概率相对较低而已。因此,遇到问题,遍历 40 个发明措施虽然繁琐,但也不失为一种明智的选择。

【示例 7.2】飞机设计中一对技术矛盾的解决原理

在示例 7.1 中,改善的参数是飞机的升力,恶化的参数是飞机的质量。飞机的升力对应于 39 个通用工程参数中的"力"(编号为 10),飞机的质量对应于 39 个通用工程参数中的"运动物体的质量"(编号为 1)。如图 7.1 所示,查找矛盾矩阵中与技术矛盾相对应的单元。从该单元中可以看到其数字为 8,1,37,18,对应的发明措施分别为反重力、分割、热膨胀和机械振动。

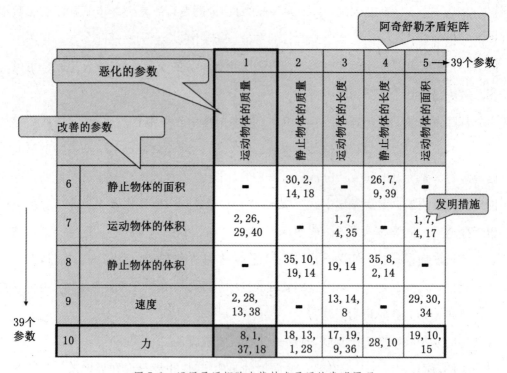

图 7.1　运用矛盾矩阵查找技术矛盾的发明原理

		1 运动物体的质量	2 静止物体的质量	3 运动物体的长度	4 静止物体的长度	5 运动物体的面积
6	静止物体的面积	-	30, 2, 14, 18	-	26, 7, 9, 39	-
7	运动物体的体积	2, 26, 29, 40	-	1, 7, 4, 35	-	1, 7, 4, 17
8	静止物体的体积	-	35, 10, 19, 14	19, 14	35, 8, 2, 14	-
9	速度	2, 28, 13, 38	-	13, 14, 8		29, 30, 34
10	力	8, 1, 37, 18	18, 13, 1, 28	17, 19, 9, 36	28, 10	19, 10, 15

7.3.2　解决技术矛盾的步骤

运用阿奇舒勒矛盾矩阵和发明原理解决技术矛盾的基本流程如图 7.2 所示。其具体操作步骤如下。

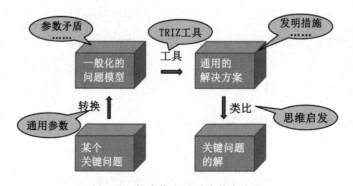

图 7.2　解决技术矛盾的基本流程

①描述要解决的工程问题。这里的工程问题指的是经过前面所讲的功能分析、剪裁、因果链分析等方法所得到的关键问题，而不是所遇到的初始问题。

②将工程问题转化为技术矛盾。用"如果……那么……但是……"的形式阐述技术矛盾。如果一个改善的参数导致不止一个参数的恶化,则对每一对改善和恶化的参数都进行技术矛盾的阐述。为了检验技术矛盾定义得是否正确,如表7.2所示,通常将正反两个技术矛盾都写出来,进行对比。

③确定技术矛盾中欲改善和被恶化的参数,明确技术矛盾参数对。

④将技术矛盾的参数一般化为阿奇舒勒通用工程参数。

⑤在阿奇舒勒矛盾矩阵中定位改善和恶化通用工程参数交叉的单元,找到推荐的发明措施编号。

⑥逐一应用发明措施的实施细则,经过类比和想象得到概念性的创意。

⑦对各种概念性的创意进行评估,选择合适的创意进行具体方案设计和实施。

从第6章可知这些发明措施的实施细则,根据这些细则的提示,运用创新思维和经验,或者进行头脑风暴,产生概念性的想法。需要指出的是,发明措施只是指出了大体的方向,需要自己运用经验、技术知识和智慧进行判断,来确定最终的具体解决方案。例如示例7.2从矛盾矩阵中找到4个发明措施,根据其中发明8的实施细则"②通过与环境(利用气体、液体的动力或浮力等)的相互作用实现物体质量的补偿",就产生了美国专利(N4648571)的解决方案:运用排出的废气来提高起飞升力,废气起到了扩展机翼的功能,提高了升力而不增加飞机的质量。

7.4 应用实例

【示例7.3】车床工程问题中的技术矛盾

图7.3显示的是由机器人服务的无人操作车床。在车削过程中产生的碎屑会卡住刀具并损坏工件,从而恶化系统稳定性。需要及时去除切削碎屑来提高加工过程的稳定性,否则会阻碍刀具并损坏工件。由于本台机器是放置在无人操作的车间,拟采用的解决方案之一是使用一种配备视觉传感器和图像识别功能的特殊机器人,可以在切削碎屑形成之时将其清除。但是这种方案无法被接受,因为这种机器人极其复杂而且昂贵,需要找到一个更为简单的解决方法。

图 7.3   无人操作车床

(1)描述要解决的工程问题

要解决的问题是"在没有复杂昂贵专用机器人配备的车床上,如何通过不断清除表面来提高加工过程的稳定性"。

(2)将工程问题转化为技术矛盾

以技术矛盾的描述方式阐述这个工程问题,如表 7.5 所示。

表 7.5   车床的技术矛盾描述

	技术矛盾描述-1	技术矛盾描述-2
如果	使用特殊机器人进行图像识别	不使用特殊机器人进行图像识别
那么	表面会被清除,加工过程会变得稳定	装备比较简单而且价格较低
但是	装备将变得极其复杂而且昂贵	表面堆积碎屑卡住刀具,加工过程不稳定

(3)确定欲改善和被恶化的参数

本例目的是要保障加工过程的稳定性。因此,加工稳定性是技术矛盾的一个参数。该加工稳定性可以通过一个复杂的特殊机器人来提供。因此,机器人的复杂性是另一个参数。

既然项目的主要目标是使加工过程稳定,过程稳定性是需改善的参数。另外,辅助机器人的复杂性被恶化,因此,它是恶化参数。表 7.6 所示为改善和恶化的参数。

表 7.6　车床改善和恶化的参数

矛盾的参数	
改善参数	过程稳定性
恶化参数	机器人复杂性

（4）一般化欲改善和被恶化的参数

①搜索 39 个通用工程参数，找到意思最接近所要改善参数的通用参数。

"过程稳定性"最接近通用参数中的"可靠性"。同样地，"机器人复杂性"最接近通用参数中的"装置复杂性"。

②如表 7.7 所示，在对应列中输入这些参数（特定参数和通用参数）。

表 7.7　特定参数和通用参数

	特定参数	通用参数
改善参数	过程稳定性	可靠性
恶化参数	机器人复杂性	装置复杂性

（5）查找推荐的发明措施

①在矛盾矩阵行中确定改善参数"可靠性"。相同地，在矛盾矩阵列中确定恶化参数"装置复杂性"。

改善参数"可靠性"在第 27 行，恶化参数"装置复杂性"在第 36 列。

②确定矩阵第 27 行第 36 列交叉对应的单元，如表 7.8 所示。该单元显示数字 13,35 和 1。每一个数字都是阿奇舒勒 40 个发明措施中一个发明措施的编号，实施细则如表 7.9 所示。

表 7.8　车床的发明措施

恶化的参数 改善的参数		35 适应性及 多用性	36 装置的复杂性	37 监控与测试 的困难程度	38 自动化程度
25	时间损失	35,28	6,29	18,28,32,10	24,28,35,30
26	物质或事物的数量	15,3,29	3,13,27,10	3,27,29,18	8,35
27	可靠性	13,35,8,24	13,35,1	27,40,28	11,13,27
28	测试精度	13,35,2	27,35,10,34	26,24,32,28	28,2,10,34
29	制造精度	—	26,2,18	—	26,28,18,23

③确定发明措施的实施细则,如表7.9所示。

表7.9　发明措施实施细则

发明措施编号	发明措施及其实施细则
13	逆向 • 用于解决问题的反向动作(例如用加热取代冷却物体) • 使活动部件(或外部环境)固定,使固定部件活动 • 使物体(或过程)颠倒
35	参数变化 • 改变物体的物理状态(如变为气态、液态或固态) • 改变浓度或连续性 • 改变自由度 • 改变温度
1	分割 • 将物体分为多个独立单元 • 使物体易于拆卸 • 增加分裂或分割的程度

(6)产生概念性创意

逐一按照发明措施的实施细则提示,运用创新思维和经验,或者进行头脑风暴,产生概念性的想法。例如根据发明措施13的"使物体(或过程)颠倒"提示,将车床和服务机器人倒置放置,使工作表面朝下。

(7)选择合适的方案

对各种概念性的创意进行评估,选择可行性和有效性突出的创意,确定具体解决方案。按照上述概念性创意,将机床工作台表面朝下,使碎屑在重力作用下自动脱离,提出如表7.10所示的解决"可靠性"和"装备复杂性"这对技术矛盾的具体方案。

表7.10　车床的具体解决方案

发明原理:逆向	具体解决方案
解决问题的反向动作(例如用加热取代冷却物体)	—
使活动部件(或外部环境)固定,使固定部件活动	—
使物体(或过程)颠倒	将车床和服务机器人倒置放置。通过这样做,切屑可以不通过额外工作自动从车床掉落。全自动无人车床和服务机器人完全可以在这样的状态下正常工作。这个解决方案已经在日本开发和实施

在这一章,介绍了将分析得到的关键问题,按照"如果……那么……但是……"的形式转化为技术矛盾,然后利用阿奇舒勒矛盾矩阵找到发明措施,再在发明措施实施细则的启发下获得真正突破性而非折中的解决方案。

7.5 TRIZ & Me 实验与讨论——技术矛盾分析实战

7.5.1 实验目的

①练习运用通用工程参数描述技术系统,了解其局限性。

②练习针对工程问题运用技术矛盾进行分析,体会其实操性好坏。

③了解阿奇舒勒建立矛盾矩阵的历史和初衷,练习运用该矩阵和发明措施解决技术矛盾的方法。

④正确认识技术矛盾工具解决问题的有效性。

7.5.2 实验准备

①阅读本章内容,完成课堂学习。

②组建实验小组。

③选择身边的某个产品(如水杯、文具)。

7.5.3 实验内容与步骤

①运用通用工程参数描述该产品的技术系统。

_____

_____

_____

②分析并描述该技术系统存在什么不足之处。

_____

_____

_____

_____

③针对这个不足，提出改进措施。

_____

_____

_____

_____

④分析这些改进措施中，是否存在技术矛盾，如果存在，是什么技术矛盾。

_____

_____

_____

_____

⑤分析每一对技术矛盾中欲改善的参数是什么，恶化的参数又是什么。

_____

_____

_____

_____

⑥描述这些技术矛盾。

_____

_____

_____

_____

⑦运用阿奇舒勒矛盾矩阵找出推荐的发明措施。

_____

_____

_____

_____

⑧列举这些技术矛盾的解决方法和解决方案。

_____

_____

_____

_____

_____

⑨分析 TRIZ 通用工程参数描述技术系统、技术矛盾工具解决问题的有效性、实操性和局限性。

_____

_____

_____

_____

_____

7.5.4　实验总结

_____

_____

_____

_____

_____

_____

7.5.5　实验评价

实验小组成员及组内评价：_____

_____

_____

_____

_____

_____

7.6 习　题

①通用工程参数有多少个？试分析其中有没有成本参数。

②通用工程参数的意义是什么？

③技术矛盾是一种怎样的矛盾？试用多种方式对其进行描述。

④阿奇舒勒矛盾矩阵的内容是什么？有何用途？

⑤技术矛盾的解决方法是怎样的？其中最关键的步骤有哪些？

08

第 8 章

物理矛盾及其解决方法

8.1 物理矛盾及其描述方法

世界本身就是一个矛盾的统一体，矛盾规律揭示了事物发展变化的本质，可以说，世界上的任何事物都包含着矛盾对立的两方面，没有矛盾，任何系统都是无法发展和进化的。阿奇舒勒研究世界范围内的大量发明专利后通过分析，确定了经典TRIZ最核心的内容——矛盾。同时指出，发明问题中至少包含一个以上的矛盾，解决问题就是消除矛盾。

8.1.1 物理矛盾的概念

在TRIZ中，如果问题的表现形式是两个参数（功能或属性）之间的对立统一，其矛盾类型是技术矛盾；如果是一个参数（功能或属性）两种需求的对立统一，其矛盾类型是物理矛盾。

下面先来看看以下物理矛盾的实例。

◇水杯是大家常用的饮具，我们希望能装尽量多的饮品，要求杯子足够大；同时，也希望其体积尽量小，便于携带，于是出现了杯子体积（参数）大与小的物理矛盾。

◇在钓鱼时希望钓鱼竿尽量长，这样钓鱼钩可以甩得更远，钓到大鱼；而在携带时，又希望其更短。于是出现了钓鱼竿长度（参数）长与短的矛盾。

◇空调在夏季高温时，能够制冷；而在冬季低温时，又能制热。这就对空调的功能提出了制冷与制热的物理矛盾。

◇道路应该有十字路口，以便车辆驶向目的地；道路又应该没有十字路口，以避免车辆相撞。这就对十字路口（实现分向行驶功能）的有和无提出了物理矛盾。

◇软件应容易使用，但又应有多项选择以便能处理复杂的事物。于是出现了简易单项功能或复杂多项功能的物理矛盾。

◇咖啡应尽可能热，以保持其味道；但又不能太热，以防止烫伤饮用者。于是出现了咖啡温度（参数）高和低的物理矛盾。

◇钢笔的笔尖应该细，以使钢笔能够写出较细的文字；同时钢笔的笔尖又应该粗，以避免锋利的笔尖将纸划破。于是出现了笔尖粗与细的物理矛盾。

通过以上实例可以看出，物理矛盾是对技术系统中的同一参数（或功能、属性）

提出相互排斥的需求的一种物理状态。它是一种比技术矛盾更加尖锐的矛盾。

物理矛盾一般表现在如下几个方面。

①系统或关键子系统必须存在,但又不能存在。

②系统或关键子系统具有性能"A",同时应具有性能"－A",而"A"与"－A"是相反的性能。

③系统或关键子系统因某种需求不能随时间变化,但又要随时间变化。

④系统或关键子系统必须处于状态"B",又要处于状态"－B","B"与"－B"是不同的状态。

从功能实现的角度,物理矛盾可以表现为如下的功能对立统一关系:

①为了实现关键功能,系统或子系统需要一个有用的功能,但随之而来的是产生一个有害的功能;而为了避免出现有害的功能,系统或子系统又不能具有有用功能。

②关键子系统的特性必须是大值,以取得有用功能;但又必须是小值以避免出现有害功能。

③系统或关键子系统必须出现,以获得一个有用功能;但系统或子系统又不能出现,以避免出现有害功能。

物理矛盾是客观存在的根本性矛盾。若对所存在的问题进行深入分析,可能找到多个物理矛盾。而找到的物理矛盾越多,说明存在解决问题的线索越多。解决了物理矛盾,也就意味着问题的解决比较完善。

8.1.2　物理矛盾的描述方法

对于物理矛盾,可以采用如表 8.1 所示的格式进行描述。

表 8.1　物理矛盾的描述方式

参数 A 需要 B,因为满足功能 C
但是,参数 A 需要—B,因为满足功能 D

其中,A 表示系统中的某一参数,B 为正向需求,－B 为反向需求。在满足 B 的情况下,要达到满足功能 C 的效果;在满足—B 的情况下,要达到满足功能 D 的效果。

如:希望手机屏幕(参数 A)大些(正向要求 B),因为便于观看(功能 C);但是,又希望小些(反向要求—B),因为便于携带(功能 D)。

根据系统所存在的具体问题,物理矛盾可以选择具体的描述方式来进行表达。对于技术系统而言,无论是描述其宏观量的参数,如长度、导电率及摩擦系数等,还是描述其微观量的参数,如粒子浓度、离子电量及电子速度等,都可以对其中存在的物理矛盾进行描述。

描述物理矛盾的通用工程参数,可分为几何类、材料与能量类、功能类等,如表8.2所示。

表 8.2 描述物理矛盾的参数

参数分类	举例
几何类	长与短、对称与非对称、平行与交叉、厚与薄、圆与非圆、锋利与钝、宽与窄、水平与垂直
材料与能量类	时间长与短、黏度高与低、功率大与小、摩擦系数大与小、多与少、密度大与小、导热率高与低、温度高与低
功能类	喷射与堵塞、推与拉、冷与热、快与慢、运动与静止、强与弱、软与硬、成本高与低

而对于某一个技术系统,物理矛盾主要出现在以下三种情况之中。

①这个元素是通用工程参数,不同的设计条件对它提出了完全相反的要求。

例如:咖啡应尽可能热,以保持其味道,但又不能太热,以防止烫伤饮用者;电脑的散热器要求通风性好,便于散热,又要求密封性好,以防止灰尘等杂质进入;对于建筑领域,墙体的设计应该有足够的厚度以使其坚固,同时墙体又要尽量薄以使建筑进程加快并且总重比较小;建筑结构的材料密度应该接近于零以使其轻便,同时材料密度也应该足够大以使其具有一定的承重能力,等等。

②这个元素是通用工程参数,不同的工况条件对它有着不同的要求。

例如:既要实现温度达到 50 ℃,又要实现温度达到 100 ℃;发动机的功率既要是 20 kW,又要是 100 kW;一个零件的形状,既要是直的,又要是弯的,等等。

③这个元素是非工程参数,不同的工况条件对它有着不同的要求。

例如:教室的窗帘既要经常拉开,以保证通风和采光,又要经常保持放下,以免过强的光线造成干扰;冰箱的门既要经常打开,又要经常保持关闭;道路上既要有十字路口,又要没有十字路口,等等。

8.2　物理矛盾的解决方法

如何解决物理矛盾呢？既然物理矛盾的参数需求非此即彼又既此既彼,这就要求人们摒弃一贯的思维习惯,去探索解决问题的有效方法。要有效地解决物理矛盾,就有必要对矛盾的需求所涉及的参数(TRIZ中主要是39个通用工程参数)进行选择,然后有必要找到一个适当的方式,改变所选的参数,让矛盾从对立走向统一,从而使得该矛盾得以解决。

解决物理矛盾,一般按图8.1所示的流程步骤进行。

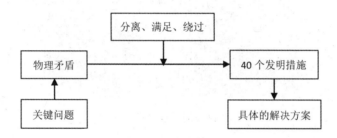

图8.1　解决物理矛盾的流程步骤

8.2.1　物理矛盾的四大分离原理

当一个关键问题转化成物理矛盾时,由于物理矛盾的特殊性,其解决方法一直是TRIZ研究的重要内容,解决物理矛盾的核心思想是实现矛盾双方的分离。TRIZ经过多年的发展,用大量的理论和实践证明,采用四大分离原理,如图8.2所示,即空间分离原理、时间分离原理、条件分离原理、系统级别分离原理,可以有效解决物理矛盾。

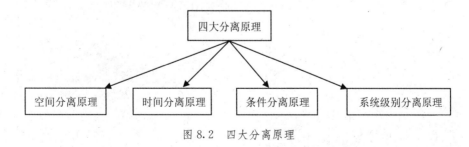

图8.2　四大分离原理

(1)空间分离原理

所谓空间分离原理是指物理矛盾两个相反的需求在不同的空间上分离,以降低

解决问题的难度。通常描述该类矛盾的关键问题是"在哪里",可以描述成:"在哪里可以满足正向需求,在哪里可以满足反向需求"。其判断条件是:当关键子系统矛盾双方在某一空间只出现一方时,空间分离是可能的。

例如图 8.3 所示的交叉路口:道路必须交叉,以使车辆驶向目的地(A);道路一定不得交叉,以避免车辆相撞(-A)。要通过十字路口,车辆必须占据十字路口的某个位置(A);而要不和其他车辆相撞,一定不得占据十字路口的位置(-A)。

图 8.3　空间分离的交叉路口

(2)时间分离原理

所谓时间分离原理是指将矛盾双方在不同的时间段上实现分离,以降低解决问题的难度。通常描述该类矛盾的关键问题是"什么时候",即"在什么时候需要满足正向要求,在什么时候需要满足反向要求",而当关键子系统矛盾双方在某一时间段上只出现一方时,时间分离是可能的。

如图 8.4 所示的红绿灯控制路口,运用时间分离原理,四个方向的车辆分时轮流通过。又如图 8.5 所示的可折叠自行车,在行走时体积较大,在存放时因折叠而体积变小。行走与存放发生在不同的时间段,因此采用了时间分离原理。

图 8.4　红绿灯控制的交叉路口

图 8.5　可折叠的自行车

（3）基于条件的分离原理

所谓基于条件的分离原理是指将矛盾双方在不同的条件下进行分离，以降低解决问题的难度。该类矛盾可以描述成"在什么条件下需要满足正向要求，在什么条件下需要满足反向要求"，当关键子系统的矛盾双方在某一条件下只出现一方时，基于条件分离是可能的。

例如，常态的水是一种软物质，用于一般的清洁；也可以当作硬物质，以高压、高速射流形式用于加工或作为武器使用，这取决于射流的速度条件或射流中有无其他物质。在水与跳水运动员所组成的系统中，水既是硬物质，又是软物质。这主要取决于运动员入水时的相对速度。相对速度高，水是硬物质，反之是软物质。

（4）基于系统级别的分离原理

所谓系统级别的分离原理是指将矛盾双方在不同的系统级别上分离，以降低解决问题的难度。该类矛盾可以描述成"在子系统中需要满足正向要求，在系统或超系统中需要满足反向要求"，当矛盾双方在关键子系统的层次上只出现一方，而该方在子系统、系统或超系统层次上不出现时，总体与部分的分离是可能的。

如自行车的链条，总体上是扰性的，但单个的元件则是刚性的。

8.2.2　应用分离原理解决物理矛盾的步骤

在对物理矛盾的定义和物理矛盾的分离原理有了初步了解的基础上，如何应用分离原理来解决问题呢？其基本思路如图 8.6 所示。

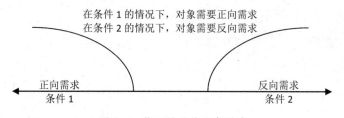

图 8.6　物理矛盾的分离思路

应用四个分离原理解决物理矛盾的一般流程如图 8.7 所示。以下结合具体实例，掌握应用分离原理解决物理矛盾的步骤。

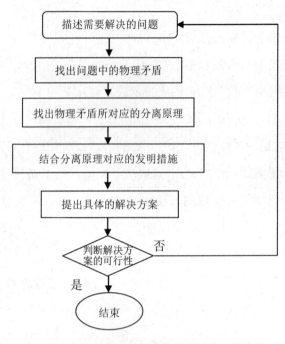

图 8.7 应用分离原理解决物理矛盾的一般流程

(1)应用空间分离原理解决物理矛盾的步骤

第一步,定义物理矛盾。首先确定矛盾的参数,在此基础上对矛盾参数相反的要求进行描述。

第二步,对在什么空间需要满足什么要求进行确定。

第三步,对以上两个空间段是否交叉进行判断。如果两个空间段不交叉,可以应用空间分离原理,否则不可以应用空间分离原理。

下面举例说明。

【示例 8.1】摩擦焊接问题

摩擦焊接是连接两块金属的方法之一,是 20 世纪中期比较先进的连接方法。用这种方法对长管焊接时,需要将其中一个工件旋转或者使两个工件向相反方向旋转,但是一般情况下需要焊接的管子很长,要想使很长的金属管旋转起来需要非常大的机器。问题的理想解是不旋转金属管也能实现摩擦焊接,可以只旋转管子的接触部分。

第一步,定义物理矛盾,确定参数为旋转,对参数的不同要求:要求 1,旋转,通过旋转运动产生摩擦力,实现摩擦焊接;要求 2,不旋转,因工件太长,导致设备变大。

第二步,在什么空间需要满足什么要求? 长钢管摩擦焊接时对其旋转部分有两种物理矛盾需求:在一定的位置(空间1)满足旋转的要求,在另一位置(空间2)满足不旋转的要求。

空间1:钢管的接触部分;空间2:钢管的非接触部分。

第三步,以上两个空间段是否交叉或冲突? 若没交叉或冲突,可以采用空间分离,反之,则不能采用空间分离,尝试采用其他分离方法。在这里,可以使钢管的接触部分旋转,实现摩擦焊接,而钢管的非接触部分不旋转。

具体方案:如图8.8所示,用一个短的管子插在两个长管之间,快速旋转短的管子,同时将管子压在一起直到焊好为止。

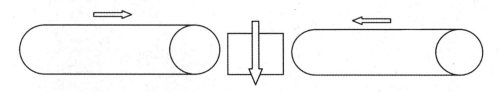

图8.8　利用空间分离原理解决摩擦焊接问题

(2)应用时间分离原理解决物理矛盾的步骤

第一步,对问题进行描述,定义物理矛盾,确定矛盾的参数,在此基础上对矛盾参数相反的要求进行描述。

第二步,对在什么时间需要满足什么要求进行确定。

第三步,对以上两个时间段是否交叉进行判断。如果两个时间段不交叉,可以应用时间分离原理,否则不可以应用时间分离原理。

下面举例说明。

【示例8.2】舰载机停放问题

航空母舰上的舰载飞机起飞时,机翼应有较大的面积,以保证完成巡航作战任务;在航空母舰上停放时,飞机的机翼应有较小的面积,以便于停放更多的舰载机。如何解决该问题?

问题分析:舰载机飞行时,机翼需要较大的面积;舰载机停放时,机翼的面积应尽量小。机翼的面积构成物理矛盾,在什么时候需要面积大? 在什么时候需要面积小? 此处时间十分关键,因此,可以尝试采用时间分离原理解决上述物理矛盾。

第一步,定义物理矛盾,确定参数为面积,对于参数的两个不同要求为:要求1,

舰载机飞行时面积大；要求2，舰载机停放时面积小。

第二步，考虑在什么时间需要满足什么要求。舰载机机翼面积有大小两种矛盾需求，在一定的时间满足面积大的需求，在另一时间满足面积小的要求。

第三步，确定上述两个时间段是否交叉或冲突。若没交叉或冲突，可以采用时间分离；反之，则不能采用时间分离，尝试采用其他分离方法。

具体的解决方案：如图8.9所示，将舰载机的机翼设计成可折叠的形式，飞行时，机翼张开，满足机翼面积大的要求；停放时，机翼收起，面积变小，便于停放。

图8.9　航空母舰上的舰载飞机

（3）应用条件分离原理解决物理矛盾的步骤

第一步，对问题进行描述，定义物理矛盾，确定矛盾的参数，在此基础上对矛盾参数相反的要求进行描述。

第二步，确定在什么条件下满足物理矛盾双方的不同要求。

第三步，判断矛盾双方在不同条件下是否同时出现，即将矛盾双方在不同的条件下进行分离，以降低解决问题的难度。当关键子系统矛盾双方在某一条件下只出现一方时，可以应用基于条件的分离原理，否则，尝试应用其他分离原理。

【示例8.3】输水管冻裂问题

输水管要求是硬的，同时也是刚性的，可以承受水的质量而不会被破坏，而在冬天，温度较低时，输水管的冻裂现象比较普遍，如何解决这一问题？

问题分析：输水管要承受水的质量以及某些外力的作用，因此要求具有足够的强度，希望越硬越好，最好用金属材料做成；而在冬季，因气温较低，金属材料会出现冻裂的现象，尤其是在一些接头的部位。多年来，这个问题一直困扰着广大用户。现在尝试用条件分离原理解决这个问题。

第一步，定义物理矛盾，确定参数为硬度，对于参数的两个不同要求为：要求 1，在工作时以及在正常的环境温度下，输水管硬度大，且可以承受一定的外界载荷；要求 2，在冬季时，环境温度低，为防止冻裂，要求输水管硬度小且具有柔性，可以弥补因水结冰而产生的变形。

第二步，考虑在什么条件下需要满足什么要求。输水管硬度有两种矛盾需求，在正常的工作条件下，满足硬度大的需求；在冬季结冰的条件下，满足硬度小的要求。

第三步，确定上述两种情况的发生是否交叉或冲突。若没交叉或冲突，可以采用条件分离；反之，则不能采用条件分离，尝试采用其他分离方法。

具体解决方案：如图 8.10 所示，采用复合材料做成水管，可以满足在不同条件下对水管硬度的要求。

图 8.10　复合材料输水管

（4）应用系统级别分离原理解决物理矛盾的步骤

第一步，对问题进行描述，定义物理矛盾，确定矛盾的参数，在此基础上对矛盾参数相反的要求进行描述。

第二步，确定分别在子系统和超系统中满足物理矛盾双方的不同要求。

第三步，判断矛盾双方在子系统和超系统中是否同时出现，即将矛盾双方在不同的系统中进行分离，以降低解决问题的难度。当矛盾双方的需求在子系统和超系统中只出现一方时，可以应用基于系统级别的分离原理，否则，尝试应用其他分离原理。

【示例8.4】坦克履带刚柔性问题

作为坦克的关键部件之一，对履带的要求较高，履带必须是刚性的，以承载整机的质量和过载；同时履带又应该是柔性的，以实现远距离的传动，通过复杂路况且具有适应性。如何满足履带的这两项要求呢？

问题分析：因坦克本体质量大，过载严重，工况比较恶劣，要求履带有足够大的强度和刚度，因此，履带必须是刚性的；而为了能够运动和实现动力的传动，履带需绕过履带轮，同时坦克需经过非结构化路况，要求履带具备较高的通过能力，此时，要求履带必须是柔性的。对履带的刚性和柔性要求构成一对物理矛盾，尝试用系统级别分离原理解决该问题。

第一步，定义物理矛盾，确定参数为刚度，对于参数的两个不同要求为：要求 1，履带在承载和传动时刚度大；要求 2，履带在绕过履带轮和行走时硬度小，最好是柔性的。

第二步，考虑在子系统和超系统中需要满足什么要求。对履带刚度有两种矛盾需求，在局部子系统中，满足刚度大的需求；在超系统中（即整体上），满足刚度小的要求。

第三步，确定上述两种情况在子系统和超系统中是否交叉或冲突。若没交叉或冲突，可以采用基于系统级别的分离原理；反之，则不能采用条件分离，尝试采用其他分离方法。

具体解决方案：如图 8.11 所示，采用刚性链节和多轮结构，可以满足在不同系统中对履带刚度的要求。

图 8.11　链节式履带和多轮结构

8.3　分离矛盾的发明措施

解决物理矛盾的主要方法是分离原理的灵活运用，TRIZ 多年的研究成果表明，四个分离原理与 40 个发明措施之间存在一定的对应关系。如果能正确理解和利用这些关系,能为解决物理矛盾带来极大的便利。在此,将四个分离原理与 40 个发明措施做一些综合,所采用的分离原理与发明措施之间的对应关系如表 8.3 所示。

表 8.3 分离原理与发明措施的对应关系

物理矛盾分离原理	发明措施编号
空间分离原理	1,2,3,4,7,14,17,20,24,26,29,30,40
时间分离原理	9,10,11,14,15,16,18,19,20,21,24,29,34
条件分离原理	1,3,5,6,7,8,22,26,35,36,37,38,40
系统级别分离原理	1,3,8,13,22,24,27,28,29,35,40

(1)空间分离原理对应的发明措施

对应空间分离原理,有以下 13 个发明措施,可以用来解决与空间分离有关的物理矛盾。发明措施 1:分割;发明措施 2:抽取;发明措施 3:局部质量;发明措施 4:非对称;发明措施 7:嵌套;发明措施 14:曲面化;发明措施 17:向新维度过渡;发明措施 20:连续有效作用;发明措施 24:借助中介物;发明措施 26:复制;发明措施 29:气压与液压;发明措施 30:柔性外壳和薄膜;发明措施 40:复合材料。

例如,根据食品的存放要求,冰箱分成常温、冷藏、冷冻室等部分,相应的食品存放在对应的存放室。在这里使用了发明措施 1:分割。

又如,教师上课所用的教鞭,在教学时希望它长,而在讲完课后又希望它短,便于携带,要求教鞭能够自由伸缩。在这里,使用了发明措施 7:嵌套。

(2)时间分离对应的发明措施

对应时间分离原理,有以下 13 个发明措施,用来解决与时间分离有关的物理矛盾。发明措施 9:预先反作用;发明措施 10:预先作用;发明措施 11:预先应急;发明措施 14:曲面化;发明措施 15:动态化;发明措施 16:部分或过分作用;发明措施 18:机械振动;发明措施 19:周期性作用;发明措施 20:连续有效作用;发明措施 21:急速作用;发明措施 24:借助中介物;发明措施 29:气压与液压;发明措施 34:抛弃与再生。

例如,许多人希望夏天的凳子凳面凉快些,而冬天又希望暖和些,于是人们利用发明措施 10:预先作用,设计出如图 8.12 所示的冬夏两用椅子。

又如,为了有效地利用家居空间,希望能招待较多的客人,要求沙发位置多些,而平时,则希望活动空间大些,于是可以利用发明措施 15:动态化,设计出如图 8.13 所示的多功能沙发床。

图 8.12 冬夏两用椅子 　　　　　　　　图 8.13 多功能沙发床

(3)基于条件的分离对应的发明措施

可以利用以下 13 个发明措施,解决与基于条件的分离有关的物理矛盾。发明措施 1:分割;发明措施 3:局部质量;发明措施 5:合并;发明措施 6:多用性;发明措施 7:嵌套;发明措施 8:反重力;发明措施 22:变害为利;发明措施 26:复制;发明措施 35:参数变化;发明措施 36:相变;发明措施 37:热膨胀;发明措施 38:加速氧化;发明措施 40:复合材料。

例如,厨房用的筛子,利用发明措施 1:分割,对水而言是多孔的,允许其分离通过;而对食物而言,则是整体的,不允许食物通过。

又如,普通玻璃因是脆性材料,受力后易碎,而加工时希望其塑性好些,于是利用发明措施 3:局部质量,设计出玻璃刀,如图 8.14 所示。常态的水是软性的,但可以通过使用图 8.15 所示的水炮枪形成高压水流,可作为武器使用。

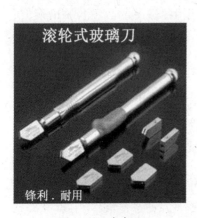

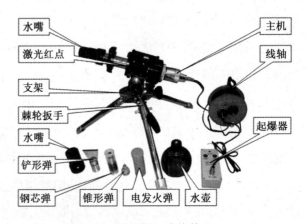

图 8.14 玻璃刀 　　　　　　　　　　图 8.15 水炮枪

再如,运动员在高台跳水时所遇到的物理矛盾是:游泳池里的水应该硬,以便能够"支撑"住运动员的身体而不会撞到池底;游泳池里的水又应该足够软,这样才不容易伤害到高速入水的运动员。解决的方法是利用发明措施 35:参数变化,在游泳池的水里打入气泡,让水的平均密度低一些,变得更"柔软"一些。

(4)基于系统级别的分离对应的发明措施

可以利用以下 11 个发明措施,解决与基于系统级别的分离有关的物理矛盾。发明措施 1:分割;发明措施 3:局部质量;发明措施 8:反重力;发明措施 13:逆向;发明措施 22:变害为利;发明措施 24:借助中介物;发明措施 27:廉价品替代;发明措施 28:机械系统替代;发明措施 29:气压和液压;发明措施 35:参数变化;发明措施 40:复合材料。

例如,钢丝做成的链条,为了保证有足够的承载能力,要求它是硬的;而为了方便存放,要求它是软的,便于折叠,于是利用发明措施 1:分割,将钢丝做成一个一个的环(如图 8.16 所示),便可以达到要求。

图 8.16　环扣链条

又如,用座机拨打电话存在以下物理矛盾:为了能保持通话,话机必须有线与机身连在一起,而为了在任意地方接听或拨打电话,话机又不应该与机身连在一起。于是应用发明措施 28:机械系统替代,人们发明了无绳电话,用电磁场连接替代了话机与机身之间的电线连接。

8.4　技术矛盾与物理矛盾的转化

8.4.1　物理矛盾与技术矛盾的比较

如表 8.4 所示,技术矛盾涉及的是一个系统中的两个参数,某一参数得到改善时,另一参数变得更差。而物理矛盾涉及的仅是系统中的一个参数,对该参数提出相反的两种要求。物理矛盾更能体现核心矛盾,其解决问题的方法是发明措施与分离原理对应的部分。

技术矛盾	物理矛盾
一个系统的两个参数	一个元素的一个参数
矛盾矩阵	分离原理
从 39 个工程参数到 40 个发明措施	部分发明措施

8.4.2　技术矛盾与物理矛盾的转化

　　技术矛盾是整个技术系统中两个参数之间的矛盾;而物理矛盾是技术系统中某一个元件的参数对立的两个状态。系统中的技术矛盾是相互制约的,也是系统的物理性质造成的,涉及两个参数。而物理矛盾是由单个元素相互排斥的两个物理状态确定的,相互排斥的两个物理状态之间的关系是物理矛盾的本质。

　　物理矛盾与系统中某个元件有关,是技术矛盾的原因所在,确定了技术矛盾的原因,就可更直接地找到解决方案。因此,物理矛盾对系统问题的揭示更准确、更本质。从研究整个系统的矛盾转向研究系统的一个元件的矛盾,显著地缩小了解决方案搜索的范围,减少了候选方案的数目。

　　技术矛盾的存在隐含着物理矛盾的存在,有时物理矛盾的解比技术矛盾容易找到。就定义而言,技术矛盾是技术系统中两个参数之间存在着的相互制约,物理矛盾是技术系统中一个参数无法满足系统内相互排斥的需求。

　　物理矛盾和技术矛盾是相互联系的。例如,为了提高子系统 A 的效率,需要对子系统 A 加热,但是加热会导致其邻接子系统 B 的降解。这是一对技术矛盾。同样,这样的问题可以用物理矛盾来描述,即温度要高又要低。温度高可提高 A 的效率,但是恶化了 B 的工况;而温度低无法提高 A 的效率,但也不会恶化 B 的工况。所以,技术矛盾与物理矛盾之间,是可以相互转化的。

8.5　应用实例

【综合示例 8.5】近视的人需要两副眼镜以满足看近处和看远处时对眼镜屈光度的不同要求,给使用和携带带来诸多不便,利用物理矛盾的分离原理,如何解决这个问题?

　　问题描述:对于近视的人而言,佩戴的眼镜需要满足看近处和看远处的不同要求,这样就构成了一对物理矛盾,两者是互不相容的,其物理参数是眼镜的屈光度。现在分别用四种分离原理来解决这个问题。

(1)应用空间分离原理

第一步,定义物理矛盾,确定参数为屈光度,对于参数的两个不同要求为:要求1,看近处时,需要眼镜镜片的屈光度大;要求2,看远处时,需要眼镜镜片的屈光度小。

第二步,考虑在什么空间需要满足什么要求。患者对屈光度有两种矛盾需求,在一定的空间满足看远处的需求,在另一空间满足看近处的要求。

第三步,确定上述两个空间段是否交叉或冲突。若没交叉或冲突,可以采用空间分离;反之,则不能采用空间分离,尝试采用其他分离方法。

具体的解决方案:在同一副眼镜镜片上,一部分(上半部分或下半部分)做成屈光度小的镜片,另一部分做成屈光度大的镜片,即两套镜片占据不同面积,如图8.17所示。

图8.17 双光眼镜

(2)应用时间分离原理

第一步,定义物理矛盾,确定参数为屈光度,对于参数的两个不同要求为:要求1,看近处时,需要眼镜镜片的屈光度大;要求2,看远处时,需要眼镜镜片的屈光度小。

第二步,考虑在什么时间需要满足什么要求。患者对屈光度有两种矛盾需求,在一定的时间段满足看远处的需求,在另一时间段满足看近处的需求。

第三步,确定上述两个时间段是否交叉或冲突。若没交叉或冲突,可以采用时间分离;反之,则不能采用时间分离,尝试采用其他分离方法。

具体的解决方案:采用两副眼镜,一副是看远处的,一副是看近处的,交换使用。

(3)应用基于条件的分离原理

第一步,定义物理矛盾,确定参数为屈光度,对于参数的两个不同要求为:要求1,看近处时,需要眼镜镜片的屈光度大;要求2,看远处时,需要眼镜镜片的屈光度小。

第二步,考虑在什么条件下需要满足什么要求。使用者对屈光度有两种矛盾需求,在看远处及较大物体时,需要满足远视的需求;在看近处及较小物体时,需要满

足近视要求。

第三步,确定上述两个条件的发展方向是否有交叉或冲突。若没交叉或冲突,可以采用条件分离;反之,则不能采用条件分离,尝试采用其他分离方法。因看近处和看远处时的屈光度不同,对镜片有着截然不同的要求,在此,两者互不干涉,所以可以使用条件分离原理。

具体的解决方案:胶质可变焦距眼镜。如图8.18所示,最外层的一组透镜为佩戴者的真实度数,与里侧的一组透镜中间隔着一层由透明硅液体组成的具有延展性的薄膜。使用时,通过推动眼镜横梁上滑动操纵杆来控制液体薄膜的走向,改变它的形状来调整焦距。

图 8.18　胶质变焦眼镜

(4)应用基于系统级别的分离原理

第一步,定义物理矛盾,确定参数为屈光度,对于该参数有两个不同要求:要求1,看近处时,需要眼镜镜片的屈光度大;要求2,看远处时,需要眼镜镜片的屈光度小。

第二步,考虑在不同的系统级别中需要满足什么要求以满足看远处和看近处时两种不同的屈光度要求。

第三步,判断以上两种情况在不同系统中是否交叉或存在冲突。若无交叉或冲突,则可用系统分离原理,可以按照不同的系统级别(如系统→子系统,或系统→超系统)实现分离,尝试系统级别分离方法;否则,尝试其他方法。

具体的解决方案:使用传感器对距离和视线落点进行判断,可根据需要自动调整镜片的焦距,让佩戴者在任何情况下都能够获得清晰的图像,与能够自动调焦的相机镜头原理一样,如图8.19所示。

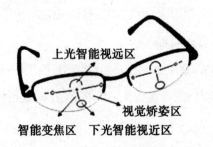

上光智能视远区

视觉矫姿区

智能变焦区　下光智能视近区

图 8.19　自动变焦眼镜

【综合示例 8.6】汽车中的安全气囊

问题描述：安全气囊是保护驾乘人员的重要装置，若充气压力不足，不能对乘客起到有效的保护作用；若安全气囊的充气压力过大，在张开时则会对驾乘人员造成伤害。安全气囊在发生碰撞时，需要恰好将气囊充气到合适的压力，以保护乘客的安全。如何得到理想解？

第一步，定义物理矛盾，物理参数为压力。要求 1，在发生碰撞的瞬时，压力大；要求 2，在发生碰撞后保护驾乘人员时，压力小（不能太大）。

第二步，在什么时间需要满足什么要求？时间 1，在汽车发生碰撞的瞬间达到较大压力；时间 2，碰撞发生后，达到较小压力，对驾乘人员起到保护作用。

第三步，以上两个时间段是否交叉或冲突？若存在交叉或冲突，尝试应用其他分离原理。因汽车从发生碰撞到安全气囊起作用，经过了两个时间段：第一时间段，要求气囊快速打开，以高压的形式抵抗外载荷；第二时间段，气囊要保护驾乘人员，此时压力要小，以免对驾乘人员造成二次伤害。因此可以应用时间分离原理。

具体方案：首先可以迅速使气囊膨胀到一定的压力值，保证在最短的时间内达到保护乘客的气压。如图 8.20 所示，在气囊上面开一些微小的孔，当气囊压力超过阈值后，气囊上的微小孔会张开，使气囊的压力不再升高，从而很好地解决了气囊的膨胀速度既要快，又不能快的矛盾。

充气后的气囊

孔　气囊

气囊坚硬度

气流

气囊调整自己的坚硬度

气囊坚硬度

气体流出

图 8.20　安全气囊的瞬时充气和泄气

第 8 章　物理矛盾及其解决方法　185

8.6 TRIZ & Me 实验与讨论——物理矛盾分析实战

8.6.1 实验目的

①熟悉各种分离原理。

②掌握定义物理矛盾和解决物理矛盾的基本方法。

③深刻认识物理矛盾解决工具在 TRIZ 体系中的意义。

8.6.2 实验准备

①阅读本章内容,完成课堂学习。

②组建实验小组。

③准备上一章技术矛盾分析实战使用的产品或另选其他产品。

8.6.3 实验内容与步骤

①分析该产品技术系统存在的问题。

_____

_____

_____

_____

②运用物理矛盾描述该问题。

_____

_____

_____

_____

③简述物理矛盾与技术矛盾的区别和联系。

_____

④解决物理矛盾主要有哪几种方法?

⑤分别运用四大分离原理解决一个物理矛盾。

过程记录:

8.6.4 实验总结

8.6.5 实验评价

实验小组成员及组内评价:

8.7 习　题

①简述定义物理矛盾的步骤。

②缝衣针的针眼存在什么物理矛盾？如何解决？

③列举生活中的物理矛盾，如何解决？

④在使用豆浆机时，希望豆浆中没有豆渣，但在制浆时会产生豆渣，如何解决？

⑤胶是一种稠状的液体，必须有黏性，可以实现表面的粘连，但涂胶时可能粘在手上，这是我们不希望发生的。找出其中的物理矛盾，运用分离方法解决该矛盾。

09

第 9 章

物-场模型及其标准解

9.1 物-场模型相关概念

TRIZ 有多种分析和解决问题的工具,物质-场模型是其中的一种分析模型,简称物-场模型,是 1979 年由阿奇舒勒在其专著《创造是一门精密的科学》中提出。物-场分析 SFA(Substance-Field Analysis)是 TRIZ 中重要的问题描述和分析工具,从技术系统的功能出发,用符号语言建立已经存在的系统或新技术系统问题的功能模型,并对系统功能进行分析。物-场模型用于建立已存在系统或新技术系统的问题功能模型,是物-场分析的基础。在物-场分析过程中,由于所面临的问题广泛而且复杂,物-场模型的建立和使用有相当的难度。所以,阿奇舒勒在 1985 年为物-场模型创立了对应的 76 个标准解,用于解决标准的物-场模型问题,并能快速获得解决方案。

本章重点介绍物-场模型相关概念、物-场模型的描述及类型、76 个标准解及使用物-场模型分析解决问题的一般方法和步骤。

每一个技术系统均由许多功能不同的子系统组成。每个系统都有其子系统,每个子系统都可以进一步细分,直到分子、原子、质子与电子等微观层次。无论大系统、小系统还是微观层次的微小系统,都能实现某种功能。

阿奇舒勒提出,一个技术系统要实现某种功能,必须具备三个必要元素:两种物质和一个场。三个基本元素以合适的方式组合才能实现一种功能。

(1)物质

TRIZ 把一切具有静质量的对象均称为物质。物质所表达的意义非常广泛,既可以是简单的物体,也可以是复杂的技术系统。

人们可以感知到的各种对象都是物质,与其复杂程度无关。单一的物质有书、书桌、书架、空气、太阳等;两种相关的物质有螺栓和螺母、书和书桌、水和水杯、火箭与卫星、地球和月亮等。

在 TRIZ 中,用符号"S"表示物质。系统中两种物质分别用 S1 和 S2 表示,其中 S1 是希望发生变化的物体,称为功能作用体或被动物体,S2 通过某种形式作用到被动物体 S1 上使其发生变化,称为功能载体或主动物体。

(2)场

场是指物质和物质之间的相互作用,是完成某种功能所需的方法或手段,通常以能量的形式呈现。物质之间的敲击、吸引、冷却等都是场。典型的场有重力场、机械场、磁场、电场等;其他类型的场有声场、热能场、化学场等。

TRIZ 将场用于表示两个物质之间相互作用和控制时所必需的能量,物-场模型分析中,场是问题分析的关键要素。

几乎所有机械产品功能的实现都需要利用能源提供的能量即场的作用,以完成所需要的运动。场的传输与转换是最普遍的自然现象,存在于各类产品的工作过程中。场用符号"F"表示。常见场及符号如表9.1所示。

表 9.1　常见场及相应符号

符　号	名　称	符　号	名　称
G	重力场	H	液压场
Me	机械场	Th	热学场
M	磁场	Ch	化学场
A	声学场	R	放射场
E	电场	B	生物场
P	气动场	N	粒子场
O	光学场		

(3)物-场模型

两种物质和一个场可能是各种各样的,但它们足以构成一个最小技术系统,该系统称为物-场系统,简称物-场。

物-场模型是使用一种符号语言来表达物-物系统功能的模型,可描述技术系统中不同元素之间发生的相互作用。设计人员可通过使用这些特定的符号来有序地解决发明问题。

阿奇舒勒通过分析大量专利发现:如果问题的物-场模型是一样的,那么解决方案的物-场模型也一样。该结论为设计人员快速解决问题提供了思路。

(4)物-场分析

物-场分析是从系统功能角度出发,把特定问题的技术系统 TS(Technological System)或技术过程 TP(Technical Processes)模型化,再进行问题求解,是 TRIZ 最重要的分析工具之一。

9.2　物-场模型描述及类型

9.2.1　物-场模型描述

阿奇舒勒认为所有的功能都可以分解为三个基本元素：两种物质 S1，S2 和一个场 F。场 F 为使能元素，使 S1 与 S2 相互作用。为了方便在世界范围内交流，并使得分析过程更加形象化，人们在实践中形成了统一的物-场模型描述方法：用一个三角形及相应符号来表示两种物质 S1，S2 和一个场 F 之间的关系及相互作用，从而清楚地描述出每个系统所实现的功能。物-场分析法使用一种用图形描述系统内物质之间相互关系的符号语言，以更加清楚直观的方式描述物质之间的相互关系。物-场模型常用符号及含义如表 9.2 所示。

表 9.2　物-场模型常用符号及含义

符号	意义
────────	有效、正常相互作用
─────────▶	定向、有效、充分作用
◀────────▶	相互作用
------------	有效、不足相互作用
------------>	定向、有效、不充分作用
++++++>	定向、过度作用
═══════▶	模型间的转换
∿∿∿∿▶	定向、有害作用
S1　S2　F	物质 S1、物质 S2、场 F

192　创新思维与方法——基于 TRIZ 的理论与实践

物-场基本模型是由三个元素(两种物质和一个场)所构成的完整的、最小的技术系统,如图 9.1 所示。其中:S1,S2 分别为被动物体和主动物体两种物质,它们可以是整个系统,也可以是系统内的子系统或单个的物体,甚至可以是环境,这取决于实际情况。F 是抽象的,即"场",物质之间依靠场来连接。场通常是以能量形式呈现,代表"能量"或"力",实现两个物质间的相互作用、联系和影响。

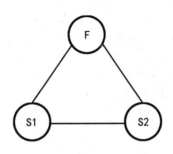

图 9.1　物-场基本模型

【示例 9.1】车刀加工螺纹

如图 9.2 所示,零件为 S1,车刀为 S2,切削力 F 是机械场,这是一个典型的物-场模型。

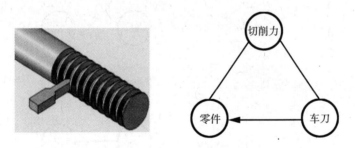

图 9.2　车削螺纹及其物-场模型

9.2.2　物-场模型类型

根据物-场分析理论,技术系统有以下四种物-场模型。

(1)有效完整物-场模型

有效完整物-场模型是指实现功能的三个元素都存在,且相互之间作用充分,能够有效实现系统功能。

有效完整模型的描述:场 F 作用于 S2 上,使 S2 对 S1 产生影响,从而改变 S1,达到预期效果。有效完整模型是一种理想状态。

【示例9.2】磁铁通过磁场吸引铁

如图9.3所示,其物-场模型描述:F为磁场,S1为铁片,S2为磁铁。即F磁场作用于S2磁铁上,使S2磁铁对S1铁片产生吸引。

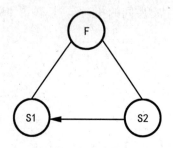

图9.3　有效完整物-场模型

(2)不完整物-场模型

不完整物-场模型是指实现系统功能的三个元素中部分元素不存在,可能缺少物质,也可能缺少场(如图9.4所示),因此需要增加系统元素来实现有效完整的系统功能。

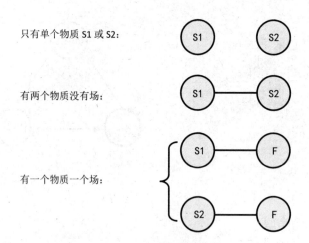

图9.4　不完整物-场模型

【示例9.3】不完整物-场模型实例

①巧妇难为无米之炊:缺少物质。

②开锁没有钥匙:缺少物质。

③停电时空调无法工作:缺少场。

（3）非有效完整物-场模型

非有效完整物-场模型是指组成系统模型的三个元素均存在，但功能未有效实现：存在有用但不充分或有用但过度的相互作用。如产生的力不够大、热量不够多或力过大、热量过多等都是非有效完整模型。为了实现预期的功能，需要对原有系统进行改进。

【示例9.4】非有效完整模型实例

①冬季供暖不足，人们觉得寒冷。该问题为两物质之间存在有用但不充分的相互作用。

用物-场描述该系统：三个元素中，F 为暖气系统产生的热场，S1 为人们，S2 为室内空气。热场作用于 S2 即室内的空气，S2 空气作用于 S1 人们身上。但由于 F 热场产生的能量不足即作用不足，因而对 S2 的激发作用不够，从而导致 S2 对 S1 作用不足，对 S1 产生的影响未能达到预计效果，表现为取暖效果不好，人们会感到寒冷。其物-场模型如图 9.5(a) 所示。

②粗糙地面易磨损鞋子：地面和鞋子之间存在有用但过度的相互作用。

地面粗糙可以为鞋子提供摩擦力，支撑人正常行走，但地面太过粗糙，摩擦力会过大，导致鞋子易磨损。其相应物-场模型如图 9.5(b) 所示。

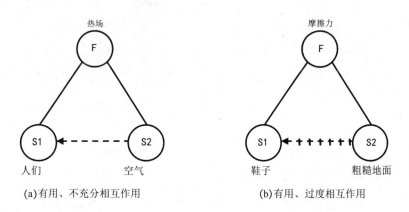

（a）有用、不充分相互作用　　　　（b）有用、过度相互作用

图 9.5　非有效完整物-场模型

（4）有害完整物-场模型

有害完整物-场模型是指组成系统模型的三个元素均存在，但产生了与设计者追求的目标相矛盾的效果，即产生了有害的作用[如图 9.6(a)、9.6(b)、9.6(c)所示]。为了实现系统设计功能，必须消除这些有害作用。

【示例9.5】车辆噪声扰民

车辆噪声扰民的物-场模型描述为：三个元素均存在，其中 F 为振动场，S1 为居民，S2 为空气。在该系统中，F 振动场的能量作用于空气 S2，在空气上形成驻波，产生噪声，噪声作用于居民 S1，对居民正常生活形成干扰。其物-场模型如图 9.6(d) 所示。

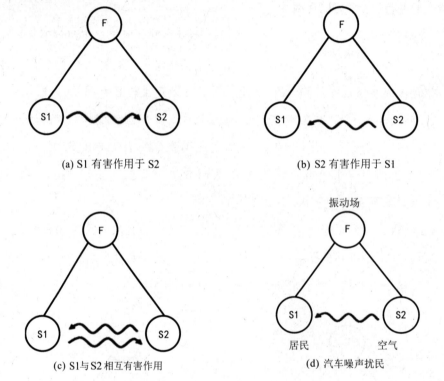

(a) S1 有害作用于 S2   (b) S2 有害作用于 S1

(c) S1 与 S2 相互有害作用   (d) 汽车噪声扰民

图 9.6 有害完整物-场模型及实例

TRIZ 重点关注和需要解决的是不完整物-场模型、非有效完整物-场模型及有害完整物-场模型三种情况对应的系统。其中非有效完整物-场模型中的有用但过度作用和有害完整物-场模型中的有害作用都会导致被动物体受到有害作用，但又存在区别：有用但过度作用包含有用的功能，而有害作用对应的功能一旦存在，不管怎样都不会对被动物体产生有效作用。

第一种模型即有效完整模型是人们追求的目标，需要解决的是其余三种非正常模型。为了解决这三种非正常物-场模型，TRIZ 总结出了物-场模型的 76 个标准解。

9.2.3 物-场模型的作用

物-场模型的建立过程是将特殊技术问题标准化的过程。物-场模型包含了一个技术系统中最重要的构成要素。通过对物-场模型进行分析，可以快速找出技术系统中存在的根本问题，发现并确定冲突，再通过标准解寻找标准答案，对存在问题的系统进行处理，最后结合具体的工程背景解决问题。

【示例9.6】物-场模型应用实例

①雪天汽车防滑。

下雪天汽车行驶在马路上，路面被雪覆盖，导致摩擦系数降低，车轮打滑。此时汽车轮胎已定，马路情况也不易改变。通过建立该功能系统的物-场模型，很容易知道这是非有效完整物-场模型，存在作用不足的问题。可以考虑添加其他物质来增大摩擦力，生活中最常用的办法是在车轮上加设铁链，利用铁链与地面的作用增大摩擦力，使车轮打滑状况大大改善。

②防辐射服装的使用。

在现代社会中，很多工作需要人们常年与计算机打交道，人们深受电磁辐射的危害。特别是女性职工怀孕期间，长期遭受电磁辐射无疑会对宝宝健康造成影响。建立该功能系统的物-场模型，确定这是有害完整物-场模型，存在有害作用。为了降低电磁辐射对人体的伤害，可以引入外部物质，如人们常使用的防辐射服装。通过引入的物质，在系统外部形成物-场，经过外部物-场的作用，对原来的场起到降低甚至屏蔽的作用。

9.3 物-场模型的标准解

在物-场模型的应用过程中，由于所面临的问题复杂，包含广泛，物-场模型的建立、使用相当困难。为了能够快速解决问题，阿奇舒勒及其团队在1975年至1985年间，完成了标准解的理论体系：确定了76个标准解，分为五大类。各类标准解中，不同解法的先后顺序反映了技术系统必然的进化过程和进化方向。

依据阿奇舒勒发现的规律：如果问题的物-场模型是一样的，那么解决方案的物-场模型也一样，和这个问题来自于哪个领域无关。发明者首先要根据物-场模型分析

问题的类型,然后选择相应的标准解,从而快速解决问题。

标准解法是阿奇舒勒后期进行 TRIZ 研究最重要的课题,是 TRIZ 高级理论的精华,也是解决非标准问题的基础。

表 9.3　发明问题 76 个标准解分类

类别	分类名称	子系统数量/标准解数量
第 1 类	建立或拆解物-场模型	2/13
第 2 类	增强物-场模型	4/23
第 3 类	向超系统或微观级转化	2/6
第 4 类	检测和测量	5/17
第 5 类	应用标准解法的标准	5/17
合计		18/76

9.3.1　第 1 类标准解:建立或拆解物-场模型

第 1 类标准解为建立或拆解物-场模型。包括创建需要的相互作用、消除不希望出现的相互作用的系列法则,每条法则的选择和应用取决于具体的约束条件。

第 1 类标准解法帮助解决不完整物-场模型和有害完整物-场模型对应系统存在的问题。

表 9.4　第 1 类标准解——建立或拆解物-场模型

子类	标准解	说明
1.1　建立物-场模型	1.1.1　完善物-场模型	完善不完整的物-场模型:假如一个系统只有一个或两个元素,则应增加元素,以完善系统三要素,并使其有效
	1.1.2　内部合成物-场模型	如果系统不能改变,但可接受永久的或临时的添加物,则可在 S1 或 S2 内部添加 S3 来实现系统功能
	1.1.3　外部合成物-场模型	假如系统不能改变,但可以接受永久的或临时的外部添加物来改变 S1 或 S2,则添加
	1.1.4　利用环境中的资源	假定系统不能改变,但可接受使用环境资源作为内部或外部添加物来实现系统功能,则添加
	1.1.5　改变系统环境	假定系统不能改变,但可以改变系统以外的环境来实现系统功能,则改变
	1.1.6　施加过渡物质	微小量的精确控制难以实现,可以通过增加一个附加物,并在之后除去来控制微小量

续表

子类	标准解	说明
1.1 建立物-场模型	1.1.7 传递最大化作用	如果一个系统的场强度不够,增加场强度又会损坏系统,可将强度足够大的一个场施加到另一物质上,把该物质再连接到原系统上。同理,如果一种物质不能很好地发挥作用,则可连接到另一物质上发挥作用
	1.1.8 选择性最大化作用	如果同时需要很强的场的作用和很弱的场的作用时,需小效应的位置可引入物质 S3 来保护
1.2 拆解物-场模型	1.2.1 引入 S3 消除有害作用	在一个系统中有用及有害效应同时存在时,如果 S1 及 S2 不必互相接触,可在 S1 和 S2 之间引入 S3 来消除有害效应
	1.2.2 引入改进的 S1 或(和)S2 消除有害作用	与 1.2.1 类似,在一个系统中有用及有害效应同时存在,但不允许增加新物质,可通过改变 S1 或 S2 来消除有害效应
	1.2.3 引入物质消除有害作用	如果某种场产生有害效应,则可引入物质 S3 吸收有害效应
	1.2.4 用场 F2 来抵消有害作用	在一个系统中,有用、有害效应同时存在,但 S1 和 S2 必须直接接触,可采用增加场 F2 抵消 F1 的有害效应,或者得到一个附加的有用效应
	1.2.5 消除磁场的影响	在一个系统中,由于一种物质存在磁性而产生有害效应,可将该物质加热到居里点以上消除磁性,或者引入相反的磁场消除原磁场

【示例 9.7】第 1 类标准解应用实例

①笔没有墨水无法写字:加墨水。(1.1.1 完善物-场模型)

②想要穿鞋子走得快:轮滑。(1.1.2 内部合成物-场模型)

③雨天鞋子易湿:加穿鞋套。(1.1.3 外部合成物-场模型)

④翻越围墙,身高不够:就近捡砖头或石头垫脚。(1.1.4 利用环境中的资源)

⑤天气炎热,食物容易变质:放入冰箱。(1.1.5 改变系统环境)

⑥烤箱烤盘或容器太烫:戴隔热手套。(1.1.6 施加过渡物质)

⑦夏天太阳晒得厉害:涂防晒霜。(1.1.7 传递最大化作用)

⑧赤脚走在粗糙的地面上,脚疼并可能受伤:穿鞋。(1.2.1 引入 S3 消除有害作用)

⑨手机屏幕容易摔碎:贴保护膜。[1.2.2 引入改进的 S1 或(和)S2 消除有害

作用]

⑩桌角摩擦地面,发出噪声并损坏地面:加橡胶垫。(1.2.3 引入物质消除有害作用)

9.3.2 第2类标准解:增强物-场模型

第2类标准解主要是增强物-场模型,即改进系统。针对非有效完整的物-场模型效应不足进行改进,利用各种效应来提升系统性能,但不增加系统复杂性。

表9.5 第2类标准解——增强物-场模型

子类	标准解	说明
2.1 转化成 复杂的 物-场 模型	2.1.1 链式物-场模型	将单一的物-场模型转换成链式模型,即引入物质 S3,让 S2 产生的场 F1 作用于 S3,S3 产生的场 F2 作用于 S1
	2.1.2 双物-场模型	引入场 F2 使系统向并联式物-场模型转换:一个可控性很差的系统已存在的部分不能改变,则可并联第二个场
2.2 加强 物-场 模型	2.2.1 使用更可控制的场	对于可控性差的场,用容易控制的场来代替,或者增加易控场
	2.2.2 增加物质的分割程度	增加物质的分割程度,将 S2 由宏观变为微观
	2.2.3 使用毛细管和多孔的物质	改变 S2 使之成为允许气体或液体通过的多孔的或具有毛细管的材料
	2.2.4 使系统更加动态化	使系统更具柔性或适应性,通常方式是由刚性变为铰接或连续柔性系统
	2.2.5 使用异构场	用动态场代替静态场,使一个不可控或可控性较弱的场变成一个按规则运行的可控场
	2.2.6 使用异构物质	将单一物质或不可控物质变成确定空间结构的非单一物质,这种变化可以是永久的也可以是临时的
2.3 频率的 协调	2.3.1 协调 F 与 S1 或 S2 的频率	使 F 与 S1 或 S2 的自然频率匹配或不匹配
	2.3.2 协调 F1 和 F2 的频率	使场 F1 与 F2 的频率协调
	2.3.3 在一个动作的间隙进行另一个动作	若系统中存在两个不相容或独立的动作,可让一个动作在另一个动作停止的间隙完成

子类	标准解	说明
2.4 利用磁场和磁性材料	2.4.1 加入铁磁物质	在一个系统中增加铁磁材料和(或)磁场
	2.4.2 铁磁场模型	将2.2.1应用更可控的场与2.4.1结合,利用铁磁材料与磁改善系统功能
	2.4.3 运用磁流体	利用磁流体加强铁磁场模型,是2.4.2的特例
	2.4.4 应用毛细管结构	利用含有磁铁材料或磁性液体的毛细管结构
	2.4.5 转变为复杂的铁磁场模型	利用附加场,如涂层,使非磁场体永久或临时具有磁性
	2.4.6 在环境中引入铁磁物质	假如一个物体不能具有磁性,可将铁磁物质引入到环境之中
	2.4.7 应用自然现象和效应	利用自然现象或效应来加强铁磁场模型的可控性。如物体按场排列,或将物体加热至居里点以上使其失去磁性
	2.4.8 应用动态性	利用动态、可变或自动调节的磁场
	2.4.9 利用结构化的磁场	通过加铁磁粒子改变材料结构,或施加场移动粒子从而使非结构化系统变为结构化系统,或反之
	2.4.10 频率协调	协调铁磁场模型的频率
	2.4.11 应用电流产生电磁场	用电流产生磁场并代替磁性物质
	2.4.12 应用电场控制流变液体的黏度	通过电场可控制流变液体的黏度,从而使其能够模仿固、液相变

【示例9.8】第2类标准解应用实例

①剥核桃钳子:核桃是一种营养价值很高的食物,但是由于其外壳坚硬,无法徒手将其打开,可使用剥核桃钳子。(2.1.1　链式物-场模型)

②太空中的孵卵器:太空中没有重力场作用,致使小鸡无法从蛋壳中出来。让孵卵器绕着轴心旋转,形成类似重力场。(2.1.2　双物-场模型)

③激光加工:传统加工方法切割金属会产生切割不均匀,金属发热、变形等问题,用激光加工可有效解决这些问题。(2.2.1　使用更可控制的场)

④沙发坐垫:硬板凳坐着舒适性不好,海绵坐垫可提高舒适性。(2.2.2　增加物质的分割程度)

⑤波破碎人体结石:用超声波碎石,将超声波的频率调整到结石的固有频率,使

得结石在超声波作用下产生共振,结石就能被震碎。(2.3.1　协调 F 与 S1 或 S2 的频率)

⑥磁悬浮列车:在铁轨上加入磁场以使列车悬浮,从而减小摩擦力,提高列车速度。(2.4.1　加入铁磁物质)

⑦微波炉:微波管产生的微波与食品中的水分子产生共振,运用振动产生的热量来迅速加热食品。(2.4.10　频率协调)

9.3.3　第 3 类标准解: 向超系统或微观级转化

第 3 类标准解继续沿着系统改善的方向前进,即向超系统或微观级转化。第 2 类和第 3 类中的各种标准解法均基于以下技术系统进化法则:增加集成度再进行简化的法则;增加动态性和可控性的进化法则;向微观级和增加场应用的进化法则;子系统协调性进化法则。

表 9.6　第 3 类标准解——向超系统或微观级转化

子类	标准解	说明
3.1　转换成双系统或多系统	3.1.1　系统转化 1a:创建双系统或多系统	系统与另一个系统组合,产生一个双系统或多系统来加强功能
	3.1.2　加强双系统或多系统之间的连接	改进双系统或多系统中的连接
	3.1.3　系统转化 1b:加大元素间的特性差异	双、多系统可通过增加元素间的差异来加强功能,或使系统之间增加新的功能
	3.1.4　双系统或多系统的简化	通过简化双系统或多系统加强系统功能
	3.1.5　系统转化 1c:使系统部分或整体表现相反特性或功能	利用整体与部分之间的相反特性加强系统功能
3.2　向微观级系统转化	3.2.1　系统转化 2:向微观级转化	从宏观到微观级转变,传递到微观水平来控制

【示例9.9】第 3 类标准解应用实例

①公共场所的连排椅。(3.1.1　系统转化 1a:创建双系统或多系统)

②由多台起重机起重非常沉重的物体的过程中,通常使用刚性机构来同步起重

机的运动部件。(3.1.2 加强双系统或多系统之间的连接)

③复印机、彩色复印机、多功能复印机的使用(扫描、复印、传真、打印等)。(3.1.3 系统转化1b:加大元素间的特性差异)

④瑞士军刀:在一个共用的壳体内装上数种工具,组成多用刀具。实现功能增加,体积缩小。(3.1.4 双系统或多系统的简化)

⑤鱼竿:为了方便携带,鱼竿多设计为可伸缩的形式。在不用时,必须很短;但在使用时必须很长。(3.1.5 系统转化1c:使系统部分或整体表现相反特性或功能)

⑥计算机芯片的发展。(3.2.1 系统转化2:向微观级转化)

9.3.4 第4类标准解:检测和测量

第4类标准解专注于解决检测和测量问题。

表9.7 第4类标准解——检测和测量

子类	标准解	说明
4.1 间接方法	4.1.1 以系统的变化代替检测或测量	改变系统,使得原来需要检测与测量的系统不再需要检测与测量
	4.1.2 利用被测系统复制品	若4.1.1不可能,则可测量系统复制品或肖像
	4.1.3 利用两次间断测量代替连续测量	若4.1.1及4.1.2不可能,则利用两次测量代替一个连续测量
4.2 建立测量的物-场模型	4.2.1 构建测量的物-场模型	如果一个不完整物-场模型不能被检测或测量,则可建立一个包含一个场作为输出的单一或两个物-场系统。假如已存在的场是效应不足,在不影响原系统的条件下,改变或加强该场,使其具有容易检测的参数
	4.2.2 测量引入的附加物	对难以测量和检测的系统,引入易检测的附加物 S3,形成内部或外部合成的测量物-场模型,检测或测量该合成附加物的变化
	4.2.3 测量引入环境的附加物	如果系统中禁止引入附加物,可将易产生检测和测量的附加物引入环境中,通过测量环境状态的变化来获得有关对象状态变化的信息
	4.2.4 从环境中获得附加物	如果不能引入附加物到系统或环境中,可将环境中已有的物质进行降解或转换变成其他的状态,然后测量或检测转换后该物质的变化

续表

子类	标准解	说明
4.3 加强测量物-场模型	4.3.1 应用自然现象和物理效应	利用系统中发生的已知的物理效应,并检测因此效应而发生的变化,从而确定系统的状态
	4.3.2 应用系统的共振	如果不能直接测量或通过引入一种场来测量,可通过让系统整体或部分产生共振并测量共振频率,根据共振频率的变化可以得到系统变化信息
	4.3.3 应用超系统的共振	如果不允许系统共振,可以通过检测与被测系统相连的一个外部对象的固有频率变化,得到系统变化的信息
4.4 测量铁磁场	4.4.1 构建原铁磁场测量模型	在非磁性系统中引入铁磁物质,将非磁性的被测物-场模型转换为包含磁性物质和磁场的原铁磁场测量模型,从而方便测量。利用固体磁铁形成的原铁磁模型通常只能在局部产生磁场,并不是分布在系统内的各个部位
	4.4.2 构建铁磁场测量模型	为提高系统测量的可控性,需要系统的各个部位都具有磁的效应,在系统中加入铁磁粒子,或用含铁磁粒子的物质代替原系统中的一个物质,使系统由物-场测量模型向铁磁场测量模型转换,通过检测和测量磁场的作用,得到所需要的信息。铁磁场的磁性物质或者铁磁粒子在物质$S1,S2$各部位均有分布
	4.4.3 构建合成的铁磁场测量模型	如果铁磁颗粒不能直接添加到系统或不能取代系统中的物质,可通过将铁磁颗粒作为添加物引入到系统已有的物质中,从而构建一个合成的铁磁模型
	4.4.4 构建与环境一起的铁磁场测量模型	如果不能在系统中直接引入铁磁物质,且不允许向系统的内部或外部引入带磁性粒子的附加物,则可将含铁磁粒子的磁性物质引入与系统相联系的环境中
	4.4.5 利用与磁场有关的应用物理效应和自然现象	通过测量与磁场相关的物理效应或自然现象获得系统的信息
4.5 测量系统的进化趋势	4.5.1 向双系统或多系统转化	如果单一的测量系统不能达到足够的精度,可以应用两个或更多的测量系统
	4.5.2 测量衍生物	不直接测量,由直接测量对象的参数转向测量该信息参数的一阶或二阶衍生物

【示例 9.10】第 4 类标准解应用实例

①加热系统的自动控制:加热系统的自动控制是通过运用热电偶或双金属片作

为自动转换开关来实现。（4.1.1 以系统的变化代替检测或测量）

②高炉内铁水温度的测量：铁水的温度很高，人们不可能对其进行直接测量。可利用光学高温计，通过接收器测量物体在高温计透镜上所形成的图像亮度，即可得到铁水的温度值。（4.1.2 利用被测系统复制品）

③加工过程中使用的量规：为测量抛光球体直径，通常预先做成量规（间距为0.01mm的多个圆孔），这样抛光轮子直径的测量问题就变为在量规上检测能否通过和不通过某个圆孔的问题。（4.1.3 利用两次间断测量代替连续测量）

④检测塑料制品泄漏程度：让塑料制品充满空气并密封，将其浸入液体池中，根据液体中的气泡就可测量其泄漏的程度。为了使气泡更清晰可见，可以向液体中添加指示泄漏的光源。（4.2.1 构建测量的物-场模型）

⑤对附加化学剂的生物标本在显微镜下进行生物标本细微结构的测量。（4.2.2 测量引入的附加物）

⑥检测内燃机的磨损情况：需要测量发动机被磨损掉的金属表层的量。磨损的金属表层以颗粒形式混在发动机的润滑油中，油是环境，利用金属颗粒能吸收荧光粉的特性，在润滑油中加入荧光粉，通过测量荧光粉量的变化即可得出被磨损的金属量。（4.2.3 测量引入环境的附加物）

⑦古代应用日晷来计时或测量时间。（4.3.1 应用自然现象和物理效应）

⑧确定储水罐中水的质量：通过测量储水罐的共振频率，确定储水罐中水的质量。（4.3.2 应用系统的共振）

⑨无线电发射机频率的测量：改变接收天线的电容从而改变接收电路的固有频率，实现与发射机的频率相一致即共振。共振信号定向发送到接收装置。（4.3.3 应用超系统的共振）

⑩车辆等待时间或排队长度的测量：在十字路口路面下铺设一个环形线圈，可以轻易地检测车辆的铁磁成分，转换得出车辆的等待时间或排队长度。（4.4.1 构建原铁磁场测量模型）

⑪精确测量一只小甲虫的体温：把许多小甲虫堆放在一起进行测量。（4.5.1 向双系统或多系统转化）

⑫用测量速度或加速度来替代位移的测量，速度和加速度就是位移衍生物。（4.5.2 测量衍生物）

9.3.5 第 5 类标准解：应用标准解法的标准

第 5 类标准解的原则是简化系统。从第 1 类解到第 4 类解的求解过程中，系统可能会变得更复杂，因为在这个过程中往往要引入新的物质或场。第 5 类标准解是简化系统的方法，即引导使用者给系统引入新的物质又不增加任何新的东西，专注于对系统的简化，以保证系统理想化。

表 9.8　第 5 类标准解——应用标准解法的标准

子类	标准解	说明
5.1 引入物质	5.1.1　间接方法	如果不允许将物质引入系统，可利用以下间接方法： 5.1.1.1　使用无成本资源如空气、真空、气泡、泡沫、缝隙等代替实物； 5.1.1.2　引入一个场去代替引入物质； 5.1.1.3　引入外部附加物代替内部附加物； 5.1.1.4　引入小剂量活性附加物； 5.1.1.5　将附加物引入到特定位置上； 5.1.1.6　临时引入附加物； 5.1.1.7　假如原系统中不允许添加附加物，可在其复制品中增加附加物； 5.1.1.8　引入经分解能生成所需附加物的化合物，而直接引入这些化合物是有害的； 5.1.1.9　通过对环境或物体本身的分解获得所需的附加物
	5.1.2　将物质分割成更小的单元	如果系统不可改变，也不允许改变工具并禁止引入附加物时，可将物质分割为更小的单元，则利用这些更小单元间的相互作用部分来代替工具物质，获得增强的系统功能
	5.1.3　应用能"自消失"的附加物	引入的添加物完成所需功能后，能在系统或环境中自行消失或变成与系统中相同的物质存在
	5.1.4　利用可膨胀结构以满足向环境中引入空气、泡沫等大量附加物的需要	如果环境不允许大量使用某种材料，则使用对环境无影响的空气或泡沫等可膨胀结构作为添加物来实现系统的功能
5.2 引入场	5.2.1　可用场的综合使用	利用已有的场来产生另一种场
	5.2.2　从环境中引入场	应用环境中已存在的场
	5.2.3　利用能产生场的物质	利用系统或环境中已有的物质作为媒介物或源而产生的场

续表

子类	标准解	说明
5.3 相变	5.3.1 相变1:改变状态	在不引入其他物质的条件下,通过改变某种物质的相态,改善物质的利用效率
	5.3.2 相变2:动态化相态	在变化环境作用下,物质能由一种相态转变到另一种相态。通过工作环境的改变来实现物质双重相态的动态化转换
	5.3.3 相变3:利用伴随的自然现象或物理效应	在所有类型的相变中,物质的结构、密度、导热系数等也会发生变化,还伴随着能量的释放或吸收。应用伴随相变过程中的现象来加强系统的有效作用
	5.3.4 相变4:向双相态转化	双相态替代单相态,使系统具有"双"特性
	5.3.5 利用物理或化学作用	利用分解、合成、电离-再合成等物理的和化学的作用,获得物质的产生或消亡,以此来提高系统功能的有效性或给系统附加新的功能
5.4 利用物理效应或自然现象	5.4.1 状态的自我调节和转换	如果一个物体必须具有不同的状态,应使其自身从一种状态传递到另一种状态
	5.4.2 增强输出场	当输入场较弱时,加强输出场,通常在接近状态转换点处实现
5.5 产生物质的高级和低级方法	5.5.1 通过分解获得物质粒子	需要某种物质的粒子(如离子),但根据问题的特定条件,无法直接得到,可通过分解更高层级结构的物质来获得物质粒子(如分子)
	5.5.2 通过合成获得物质粒子	若需要某种物质的粒子(如分子),但根据问题的特定条件,无法通过标准解5.5.1得到,可通过合成更低层级结构的物质来获得(如离子)
	5.5.3 综合运用5.5.1和5.5.2获得物质粒子	假如高等结构物质需分解但又不能分解,可用次高一级的物质状态替代;反之,如低等结构物质不能应用,则用高一级的物质代替

【示例9.11】第5类标准解应用实例

①提高潜水服保温性能:过度增加表层橡胶的厚度,既会增加潜水服质量又会使潜水员操作不方便。采用添加泡沫的办法,可以解决保温问题,同时其质量几乎没有增加。(5.1.1.1 使用无成本资源如空气、真空、气泡、泡沫、缝隙等代替实物)

②飞机上备有降落伞,以便在飞机出事时,让飞行员脱险。(5.1.1.3 引入外部附加物代替内部附加物)

③为了避免药物对身体的健康造成严重负面影响,将药物集中在疾病的准确部

位上。(5.1.1.5 将附加物引入到特定位置上)

④网络视频会议允许与会者在各自不同地点召开会议。(5.1.1.7 假如原系统中不允许添加附加物,可在其复制品中增加附加物)

⑤在花园中,掩埋垃圾替代使用化肥。(5.1.1.9 通过对环境或物体本身的分解获得所需的附加物)

⑥使用干冰人工降雨,不会留下残余物。(5.1.3 应用能"自消失"的附加物)

⑦在物体内部增加空洞以减重。(5.1.4 利用可膨胀结构以满足向环境中引入空气、泡沫等大量附加物的需要)

⑧用电场产生磁场。(5.2.1 可用场的综合使用)

⑨高空的风力发电站。(5.2.3 利用能产生场的物质)

⑩汽车上乘客取暖:利用汽车发动机的废热,经冷却水系统,通过热交换器加热空气来给乘客供热。(5.2.3 利用能产生场的物质)

⑪天然气采用液态冷冻运输,以节省空间。(5.3.1 相变1:改变状态)

⑫运输冷冻货物的冰块时,在运输过程中伴随着冰块的自然融化,产生一部分水,能起到润滑作用,有效地减小摩擦力。(5.3.3 相变3:利用伴随的自然现象或物理效应)

⑬空调机中的液体制冷剂经压缩时吸收热量,冷凝时放出热量,周而复始,不断循环。(5.3.5 利用物理或化学作用)

⑭变色太阳镜在阳光下颜色变深,在阴暗处又恢复透明。(5.4.1 状态的自我调节和转换)

⑮继电器、晶体管可以通过很小的电流控制很大的电流。(5.4.2 增强输出场)

⑯如果系统中需要氢但不允许引入氢,可引入水,再将水电解转化成氢和氧。(5.5.1 通过分解获得物质粒子)

⑰植物吸收水与二氧化碳,利用太阳光进行光合作用,从而生长壮大。(5.5.2 通过合成获得物质粒子)

从76个标准解可知:除了测量类问题之外,其他所有问题系统均可归类于以下四种方法来解决:

完成:完成不完整的物-场模型来解决问题。

修改:修改系统中现存的物质和场来解决问题。

增加:增加新物质、新场解决问题。

转换:转换至更高或更低的级别解决问题。

9.4 物-场分析方法和流程

标准解法共76个,数量庞大,给使用者带来一个难题:如何快速找到合适的标准解法? 不恰当的选择,将导致人们解决问题时走上弯路而且百思不得其解,浪费大量时间和精力,从而降低应用76个标准解解决问题的效率。所以,分析清楚76个标准解法间的逻辑关系,掌握问题解决过程中标准解法的选择程序,是有效应用76个标准解的必要前提。

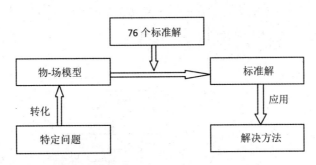

图 9.7 物-场分析法解决问题的一般过程

9.4.1 应用物-场分析法解决一般问题

物-场分析法解题一般用于两种情况:应用物-场分析法解决一般问题;应用物-场分析法进行产品创新设计。

应用物-场分析法解决一般问题,通常按照下列步骤进行:

(1)分析问题类型

首先要确定现有问题属于哪类问题,是要求对系统进行改进,还是对某件物体有测量或探测的需求。

(2)选择标准解

①建立现有系统的物-场模型。

②分析模型类型:对于不完整物-场模型,应用第1类标准解法中的1~8的8个标准解法;对于有害效应的完整模型,应用第1类标准解法中的9~13的5个标准解

法;效应不足的完整模型,应用第 2 类标准解法中的 23 个标准解法和第 3 类标准解中的 6 个标准解法;如果面临的问题是对某件东西有测量或检测的需求,应用第 4 类标准解法中的 17 个标准解法。

(3)简化解决方法

当获得了对应的标准解法和解决方案,检查模型是否可以应用标准解法第 5 类中的 17 个标准解法来进行简化。标准解法第 5 类也可以被考虑为是否有强大的约束限制着新物质的引入和交互作用。

(4)确定最佳解

针对现有问题求解,获得具体解,并探求另外可行解,确定最合适实际的解。

在应用标准解法的过程中,必须紧紧围绕系统所存在问题的最终理想解,考虑系统的实际限制条件,灵活进行应用,并追求最优化的解决方案。很多情况下,综合应用多个标准解法,对解决问题的彻底程度具有积极意义,尤其是第 5 类的 17 个标准解法。

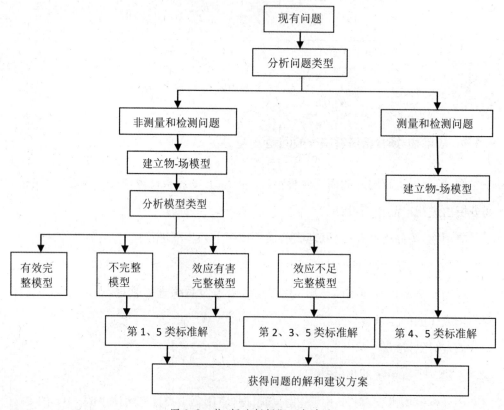

图 9.8 物-场分析解题一般步骤

9.4.2　应用物–场分析法进行产品创新设计

应用物–场分析法进行产品创新设计,基本步骤为:

①定义系统的总功能。

②进行功能分解,确定系统基本功能和核心功能。

功能分解为解决问题的基础。由于系统的复杂性,只有将总功能分解为易于实现的基本功能,产品设计才能真正成功。总功能可分解为分功能、子功能,直到分解到基本功能为止,即从根到枝再到叶的分解过程。

③建立系统的功能模型。

根据功能分解的结果,建立各基本功能的物–场模型,有机结合并建立系统整体的功能模型。

④确定待改进功能模型。

根据功能类别,分析系统的功能模型,确定各基本功能模型的类型,发现待改进的功能模型。

⑤标准解分析。

对待改进功能模型,根据其物–场模型来寻找相适应的标准解。

⑥提出新的设计概念。

根据实际工程结构,将解决问题的标准解转化为特定的解领域。

⑦解的评价。

对解领域进行评估,如有多个可行的解领域,根据进化的模式选取综合最优的方案。

9.5　应用实例

物–场模型及其标准解是 TRIZ 分析和解决问题非常重要的工具,其应用非常广泛。

【示例 9.12】学生宿舍大门开关系统问题

原始问题:学生进出宿舍楼时,常常是推开大门,进出之后随即松开,导致大门合上的瞬间发出巨大的声响,影响到低楼层同学的休息,且会对门和门框造成损坏。

（1）技术系统分析

在原始问题中，主动物体 S2 为门或空气，被动物体 S1 为门框或低楼层同学。门通过机械场对门框产生作用，机械力过大会损坏门框；门和门框碰撞发出噪声，由空气作用于低楼层学生，影响低楼层同学休息。

（2）创建物-场模型

通过以上分析可知：宿舍大门开关系统的物-场模型属于有害完整模型，即功能的三要素都存在，但产生了与设计者追求的目标有害的效果。该技术系统的物-场模型如图9.9所示。

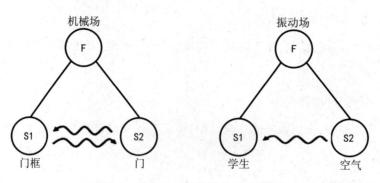

图9.9　宿舍大门开关系统物-场模型

（3）问题解决方案

为了消除大门开关产生的有害作用，选用标准解1.2拆解物-场模型中1.2.1引入 S3 消除有害作用的解法，加入的第三种物质最好是免费或便宜的。通过分析，采用在门框上增加一层海绵垫（如图9.10所示），使门在合上之前有一个缓冲过程，这样既能减少噪音又能保护好门和门框，较好地解决了该技术系统的损坏门和门框、影响低楼层学生休息的问题。

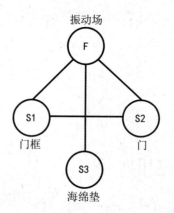

图9.10　解决宿舍大门开关系统问题的物-场模型

【示例9.13】核桃去壳问题

原始问题:核桃是一种营养价值很高的食物,但是由于其外壳坚硬,徒手很难打开果壳。

(1)技术系统分析

在原始问题中,主动物体 S2 为人,被动物体 S1 为核桃。人手通过机械场对核桃作用,机械力不够大,很难打开核桃壳。

(2)创建物-场模型

通过以上分析可知:核桃去壳技术系统的物-场模型属于非有效完整模型,即功能的三要素都存在,但场的效用不够,无法实现系统功能。该技术系统的物-场模型如图 9.11 所示。

(3)问题解决方案

为了增加场的效用,选用标准解 2.1.1 链式物-场模型,在核桃和手之间加入去核桃壳的钳子,手的机械场传递给钳子,然后钳子传递给核桃,最终实现核桃的打开去壳。解决问题的物-场模型如图 9.12 所示。

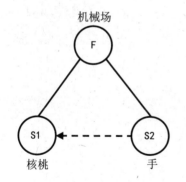

图 9.11 问题原始物-场模型

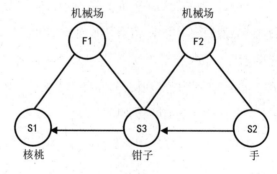

图 9.12 解决问题物-场模型

【示例9.14】物-场分析法用于创新设计

设计一款多功能切菜机。

(1)定义系统总功能

要求:尽量解决传统切菜工艺及目前市场上各类切菜机的缺陷,采用集成化的思想,将切片、切条、切丁功能模块集成于一体。用户选择不同功能模块即可实现菜品的切片、切条、切丁。此外,根据用户需要,可实现切片厚度、切条宽度、切丁大小的调整,从而切出多种多样且大小规格不一的菜品。

最后设计的切菜机工作原理如图 9.13 所示：食材加入物料口，根据需要选择切片、切条或切丁。产品数字化模型如图 9.14 所示。

（2）进行功能分解，确定系统功能

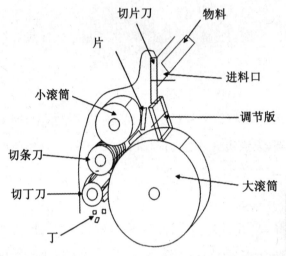

图 9.13　切菜机工作原理示意图

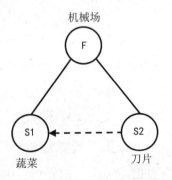

图 9.14　多功能切菜机实体模型

经分析，多功能切菜机需具有三个主要功能模块：切片模块、切条模块、切丁模块。产品使用两个电机，需要切片时，打开电机 1，实现切片，要求片的厚度可调整；打开电机 2，拨叉挂至切条挡，即可实现切条，要求切条宽度可调整；需要切丁时，拨叉挂至切丁挡，即可实现切丁，并且切丁规格可调节。

（3）建立系统的功能模型

此处仅就切条宽度调整进行分析，如图 9.15 所示。

（4）确定待改进功能模型

根据功能类别，分析系统的功能模型，确定各基本功能模型的类型，发现待改进的功能模型。就切条模块而言，切条宽度的调整是一个效应不足的完整物-场模型，是存在问题待改进的功能模型。

（5）标准解分析

根据标准解 5.1.2 将物质分割成更小的单元：如果系统不可改变，也不允许改变工具并禁止引入附加物，可将物质分割为更小的单元，利用这些更小单元间的相互作用部分来代替工具物质，

机械场

F

S1 ← S2

蔬菜　　　　刀片

图 9.15　切条物-场模型

获得增强的系统功能(如图 9.16 所示)。

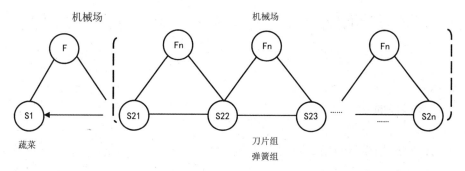

图 9.16　解决问题的物-场模型

(6)提出新的设计概念

根据实际工程结构,将解决问题的标准解转化为特定的解领域。

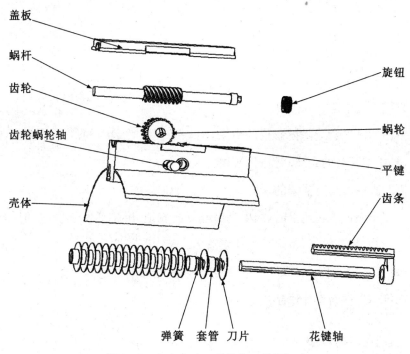

图 9.17　切条大小可调的加工模块组成

功能实现:人工调节旋钮,带动蜗杆转动,通过蜗轮蜗杆机构将扭矩传递给齿轮/蜗轮轴,齿轮转动驱动齿条运动,齿条压缩弹簧,使弹簧发生均匀弹性形变,从而改变刀具之间的宽度,实现切条宽度的调节。

经过物-场分析求解,应用于创新设计,解决了切条宽度的调整问题。

9.6 TRIZ & Me 实验与讨论——物-场模型及其标准解应用实战

9.6.1 实验目的

①掌握物-场模型的相关概念,了解物-场模型的不同类型及特点。

②掌握物-场分析法解决问题的一般步骤和方法,了解76个标准解及使用范围。

③利用物-场模型及标准解解决实际问题,培养创新能力和综合解决问题的能力。

9.6.2 实验准备

①阅读本章内容,完成课堂学习。

②组建实验与讨论小组。

③总结生活中遇到的问题,如:

教室内的灯光会减弱投影仪的效果,但如果关掉教室内的灯,虽然投影仪效果增强了,学生书写时的光线却受到了影响。

吃面时眼镜总是雾蒙蒙的。

手机不小心掉落在地上时,如果是边或背面着地,屏幕通常不会碎,但如果是角着地,屏幕很容易就碎了,也容易把外壳磕坏。

宿舍的高低床,上下时床铺会吱吱嘎嘎地响,会影响其他同学休息。

④选择一件创新设计作品。

9.6.3 实验内容与步骤

①就生活中遇到的问题进行讨论:绘制问题的物-场模型,利用标准解求解。

_____

_____

_____

_____

②根据选择的创新作品,分析有哪些创新点,利用了哪种标准解来实现创新。

_____

_____

_____

_____

③针对选择的创新设计作品,思考其他创新方法。

_____

_____

_____

_____

9.6.4 实验总结

_____

_____

_____

_____

9.6.5 实验评价

实验小组成员及组内评价:_____

_____

_____

_____

9.7 习　题

①物-场模型中,什么是物质? 什么是场? 常见的物质和场有哪些?

②简述物质和场的关系。

③物-场模型有哪些类型？各有什么特点？

④经典 TRIZ 中，物-场模型的 76 个标准解分为几类？简述各类之间的关系，并了解 76 个标准解的应用。

⑤日常生活中，在下雨天开车出行或降霜时，小水滴会附着在汽车后视镜上，产生漫反射，妨碍驾驶员通过后视镜观察车后的行车状况，不能及时地应对路面突发事故，造成安全隐患。请利用物-场分析法解决该问题。

附录1 TRIZ中英文术语对照表

章次	中文	英文(缩略语)
第1章 绪论	发明问题解决理论	TRIZ｜Theory of Inventive Problem Solving(TIPS)
	系统化发明思维	Structured Inventive Thinking(SIT)
	统一结构发明思维	Unified Structured Inventive Thinking(USIT)
	国际TRIZ协会	The International TRIZ Association(MATRIZ)
	理想化最终结果｜理想解	Ideal Final Result(IFR)
	发明问题解决算法	Algorithm for Inventive Problem Solving(ARIZ)
	主要价值参数	Main Parameter of Value(MPV)
	质量功能配置	Quality Function Deployment(QFD)
	价值创新中心	Value Innovation Program(VIP)
第2章 创新思维方法	创新思维	Inventive Thinking
	惯性思维｜思维定势	Psychological Inertia
	试错法	Trial and Error
	头脑风暴法	Brainstorming
	九屏幕法	9-Windows/System Operator
	小人法	Smart Little People
	STC算子	Size-Time-Cost Tool
第3章 技术系统进化趋势	技术系统｜工程系统	Technical System(TS)｜Engineering System
	理想度	Ideality
	子系统	Subsystem
	超系统	Supersystem
	主要有用属性	Main Useful Attributes(MUAs)
	技术进化趋势	Trends of Technical｜Engineering System Evolution
	S曲线	S-Curve
	组件	Component
	增加协调性进化趋势	Trend of Increasing Coordination
	增加可控性进化趋势	Trend of Increasing Controllability
	增加动态性进化趋势	Trend of Increasing Dynamization
	非均衡进化趋势	Trend of Uneven Development of System Components

续表

章次	中文	英文(缩略语)
第4章 功能分析与裁剪法	功能	Function
	功能分析	Function Analysis
	充分功能	Adequate Function
	不足功能	Insufficient Function
	过度功能	Excessive Function
	功能载体	Function Carrier
	功能对象	Object of the Function
	组件分析	Component Analysis
	相互作用分析	Interaction Analysis
	相互作用矩阵	Interaction Matrix ∣ Relationship Matrix
	裁剪法	Trimming
	裁剪对象	Object of Trimming
	裁剪规则	Rules of Trimming
	功能模型	Function Model
第5章 因果分析	因果分析	Cause-Effect Analysis
	因果图	Cause-Effect Mapping
	因果链	Cause-Effect Chain
	因果链分析	Cause-Effect Chains Analysis
	5 why分析法	5-why's Approach
	故障树分析法	Fault Tree Analysis(FTA)
	失效模式与后果分析法	Failure Mode Effect Analysis(FMEA)
	鱼骨图	Fishbone Diagram
第6章 发明措施	发明措施	Inventive Principle
	分割	Segmentation
	抽取	Taking out-Separation ∣ Extraction
	局部质量改善	Local Quality
	非对称	Asymmetry
	合并	Merging ∣ Consolidation
	多用性	Universality
	嵌套	Nested Doll ∣ Nesting

章次	中文	英文(缩略语)
第6章 发明 措施	反重力	Anti-Weight ｜ Counterweight
	预先反作用	Preliminary Anti-Action ｜ Prior Counteraction
	预先作用	Preliminary Action ｜ Prior Action
	预先应急	Beforehand Cushioning ｜ Cushion in Advance
	等势	Equipotentiality ｜ Equipotential
	逆向	The Other Way Round ｜ Do it in Reverse
	曲面化	Spheroidality
	动态化	Dynamics ｜ Dynamicity
	部分或过分	Partial or Excessive Action
	向新维度过渡	Another Dimension ｜ Transition into a New Dimension
	机械振动	Mechanical Vibration
	周期性作用	Periodic Action
	连续有效作用	Continuity of Useful Action
	急速作用	Skipping ｜ Rushing Through
	变害为利	Blessing in Disguise ｜ Convert Harm into Benefit
	反馈	Feedback
	借助中介物	Intermediary ｜ Mediator
	自服务	Self-Service
	复制	Copying
	廉价替代品	Mechanics substitution ｜ Cheap Short-living Objects ｜ Dispose
	机械系统替代	Replacement of mechanical system ｜ Mechanics Substitution
	气压与液压	Pneumatics and Hydraulics
	柔性外壳和薄膜	Flexible Shells and Thin Films ｜ Flexible Films of Thin Membranes
	多孔材料	Porous Materials
	改变颜色	Color Changes ｜ Change the Color
	同质性	Homogeneity
	抛弃与再生	Discarding and Recovering ｜ Rejecting and Regenerating Parts
	参数变化	Parameter Changes ｜ Transformation Properties
	相变	Phase Transformation ｜ Phase Transition
	热膨胀	Thermal Expansion

续表

章次	中文	英文（缩略语）
第6章 发明措施	加速氧化	Strong Oxidants ｜ Accelerated Oxidation
	惰性环境	Inert Atmosphere ｜ Inert Environment
	复合材料	Composite Materials
第7章 技术矛盾及其解决方法	通用工程参数	Generalized Engineering Parameters
	积极性参数	Positive Parameter
	消极性参数	Negative Parameter
	中性参数	Neutral Parameter
	技术矛盾	Technical Contradiction ｜ Engineering Contradiction
	阿奇舒勒矛盾矩阵	Altshullller's Contradiction Matrix
	改善的参数	Improving Parameter
	恶化的参数	Worsening Parameter
第8章 物理矛盾及其解决方法	物理矛盾	Physical Contradiction
	空间分离	Separation in Space
	时间分离	Separation in Time
	条件分离	Separation on Condition ｜ Separation in Relation
	系统层级分离	Separation in System-Level ｜ Transition to Alternative System
第9章 物-场模型及其标准解	物质	Substance
	场	Field
	物-场分析	Substance-Field (S-Field，Su-Field) Analysis (SFA)
	物-场模型	Substance-Field Model(SFM)
	有效完整模型	Effective Complete System
	不完整模型	Incomplete System
	非有效完整模型	Ineffective Complete System
	有害完整模型	Harmful Complete System
	标准解	Standard Solution

注："｜"表示不同的翻译表达。

附录 2　阿奇舒勒矛盾矩阵表

你想改善的参数 ＼ 你想削弱的参数	1 运动物体的质量	2 静止物体的质量	3 运动物体的长度	4 静止物体的长度	5 运动物体的面积	6 静止物体的面积	7 运动物体的体积	8 静止物体的体积	9 速度	10 力
1 运动物体的质量	+	-	15,8,29,34	-	29,17,38,34	-	29,2,40,28	-	2,8,15,38	8,10,18,37
2 静止物体的质量	-	+	-	10,1,29,35	-	35,30,13,2	-	5,35,14,2	-	8,10,19,35
3 运动物体的长度	8,1,29,34	-	+	-	15,17,4	-	7,17,4,35	-	13,4,8	17,10,4
4 静止物体的长度	-	35,28,40,29	-	+	-	17,7,10,40	-	35,8,2,14	-	28,10
5 运动物体的面积	2,17,29,4	-	14,15,18,4	-	+	-	17,7,10,40	-	29,30,4,34	19,30,35,2
6 静止物体的面积	-	30,2,14,18	-	26,7,9,39	-	+	-	-	-	1,18,35,36
7 运动物体的体积	2,26,29,40	-	1,7,4,35	-	1,7,4,17	-	+	-	29,4,38,34	15,35,36,37
8 静止物体的体积	-	35,10,19,14	19,14	35,8,2,14	-	-	-	+	-	2,18,37
9 速度	2,28,13,38	-	13,14,8	-	29,30,34	-	7,29,34	-	+	13,28,15,19
10 力	8,1,37,18	18,13,1,28	17,19,9,36	28,10	19,10,15	1,18,36,37	15,9,12,37	2,36,18,37	13,28,15,12	+

附录 2　阿奇舒勒矛盾矩阵表　223

续表

你想改善的参数 \ 你想削弱的参数	1 运动物体的质量	2 静止物体的质量	3 运动物体的长度	4 静止物体的长度	5 运动物体的面积	6 静止物体的面积	7 运动物体的体积	8 静止物体的体积	9 速度	10 力
11 应力或压力	10,36,37,40	13,29,10,18	35,10,36	35,1,14,16	10,15,36,28	10,15,36,37	6,35,10	35,24	6,35,36	36,35,21
12 形状	8,10,29,40	15,10,26,3	29,34,5,4	13,14,10,7	5,34,4,10	—	14,4,15,22	7,2,35	35,15,34,18	35,10,37,40
13 结构的稳定性	21,35,2,39	26,39,1,40	13,15,1,28	37	2,11,13	39	28,10,19,39	34,28,35,40	33,15,28,18	10,35,21,16
14 强度	1,8,40,15	40,26,27,1	1,15,8,35	15,14,28,26	3,34,40,29	9,40,28	10,15,14,7	9,14,17,15	8,13,26,14	10,18,3,14
15 运动物体作用时间	19,5,34,31	—	2,19,9	—	3,17,19	—	10,2,19,30	—	3,35,5	19,2,16
16 静止物体作用时间	—	6,27,19,16	—	1,40,35	—	—	—	35,34,38	—	—
17 温度	36,22,6,38	22,35,32	15,19,9	15,19,9	3,35,39,18	35,38	34,39,40,18	35,6,4	2,28,36,30	35,10,3,21
18 光照度	19,1,32	2,35,32	19,32,16	—	19,32,26	—	2,13,10	—	10,13,19	26,19,6
19 运动物体的能量	12,18,28,31	—	12,38	—	15,19,25	—	35,13,18	—	8,15,35	16,26,21,2
20 静止物体的能量	—	19,9,6,27	—	—	—	—	—	—	—	36,37
21 功率	8,36,38,31	19,26,17,27	1,10,35,37	—	19,38	17,32,13,38	35,6,38	30,6,25	15,35,2	26,2,36,35
22 能量损失	15,6,19,28	19,6,18,9	7,2,6,13	6,38,7	15,26,17,30	17,7,30,18	7,18,23	7	16,35,38	36,38
23 物质损失	35,6,23,40	35,6,22,32	14,29,10,39	10,28,24	35,2,10,31	10,18,39,31	1,29,30,36	3,39,18,31	10,13,28,38	14,15,18,40
24 信息损失	10,24,35	10,35,5	1,26	26	30,26	30,16	—	2,22	26,32	—
25 时间损失	10,20,37,35	10,20,26,5	15,2,29	30,24,14,5	26,4,5,16	10,35,17,4	2,5,34,10	35,16,32,18	—	10,37,36,5

你想改善的参数 ＼ 你想削弱的参数	1	2	3	4	5	6	7	8	9	10
	运动物体的质量	静止物体的质量	运动物体的长度	静止物体的长度	运动物体的面积	静止物体的面积	运动物体的体积	静止物体的体积	速度	力
26 物质或事物的数量	35,6,18,31	27,26,18,35	39,14,35,18	—	15,14,29	2,18,40,4	15,20,29	—	35,29,34,28	35,14,3
27 可靠性	3,8,10,40	3,10,8,28	15,9,14,4	15,29,28,11	17,10,14,16	32,35,40,4	3,10,14,24	2,35,24	21,35,11,28	8,28,10,3
28 测试精度	32,35,26,28	28,35,25,26	28,26,5,16	32,28,3,16	26,28,32,3	26,28,3,3	32,13,6	—	28,13,32,24	32,2
29 制造精度	28,32,13,18	28,35,27,9	10,28,29,37	2,32,10	28,33,29,32	2,29,18,36	32,23,2	25,10,35	10,28,32	28,19,34,36
30 物体外部有害作用的敏感性	22,21,27,39	2,22,13,24	17,1,39,4	1,18	22,1,33,28	27,2,39,35	22,23,37,35	34,39,19,27	34,39,19,27	13,35,39,18
31 物体产生的有害因素	19,22,15,39	35,22,1,39	17,15,16,22	—	17,2,18,39	22,1,40	17,2,40	30,18,35,4	35,28,3,23	35,28,1,40
32 可制造性	28,29,15,16	1,27,36,13	1,29,13,17	15,17,27	13,1,26,12	16,40	13,29,1,40	35	35,13,8,1	35,12
33 可操作性	25,2,13,15	6,13,1,25	1,17,13,12	—	1,17,13,16	18,16,15,39	1,16,35,15	4,18,39,31	18,13,34	28,13,35
34 可维修性	2,27,35,11	2,27,35,11	1,28,10,25	3,18,31	15,13,32	16,25	25,2,35,11	1	34,9	1,11,10
35 适应性及多用性	1,6,15,8	19,15,29,16	35,1,29,2	1,35,16	35,30,29,7	15,16	15,35,29	35,10,14	35,10,14	15,17,20
36 装置的复杂性	26,30,34,36	2,26,35,39	1,19,26,24	26	14,1,13,16	6,36	34,26,6	1,16	34,10,28	26,16
37 监控与测试的困难程度	27,26,28,13	6,13,28,1	16,17,26,24	26	2,13,18,17	2,39,30,16	29,1,4,16	2,18,26,31	3,4,16,35	30,28,40,19
38 自动化程度	28,26,18,35	28,26,35,10	14,13,17,28	23	17,14,13		35,13,16	—	28,10	2,35
39 生产率	35,26,24,37	28,27,15,3	18,4,28,38	30,7,14,26	10,26,34,31	10,35,17,7	2,6,34,10	35,37,10,2	—	28,15,10,36

你想改善的参数 \ 你想削弱的参数		11 应力或压力	12 形状	13 结构的稳定性	14 强度	15 运动物体作用时间	16 静止物体作用时间	17 温度	18 光照度	19 运动物体的能量	20 静止物体的能量
1	运动物体的质量	10,36,37,40	10,14,35,40	1,35,19,39	28,27,18,40	5,34,31,35	—	6,29,4,38	19,1,32	35,12,34,31	—
2	静止物体的质量	13,29,10,18	13,10,29,14	26,39,1,40	28,2,10,27	—	2,27,19,6	28,19,32,22	19,32,35	—	18,19,28,1
3	运动物体的长度	1,8,35	1,8,10,29	1,8,15,34	8,35,29,34	19	—	10,15,19	32	8,35,24	—
4	静止物体的长度	1,14,35	13,14,15,7	39,37,35	15,14,28,26	—	1,10,35	3,35,38,18	3,25	—	—
5	运动物体的面积	10,15,36,28	5,34,29,4	11,2,13,39	3,15,40,14	6,3	—	2,15,16	15,32,19,13	19,32	—
6	静止物体的面积	10,15,36,37	—	2,38	40	—	2,10,19,30	35,39,38	—	—	—
7	运动物体的体积	6,35,36,37	7,2,35	28,10,1,39	9,14,15,7	6,35,4	—	34,39,10,18	2,13,10	35	—
8	静止物体的体积	24,25	—	34,28,35,40	9,14,17,15	—	35,34,38	35,6,4	—	—	—
9	速度	6,18,38,40	35,15,18,34	28,33,1,18	8,3,26,14	3,19,35,5	—	28,30,36,2	10,13,19	8,15,35,38	—
10	力	18,21,11	10,35,40,34	35,10,21	35,10,14,27	19,2	—	35,10,21	—	19,17,10	1,16,36,37
11	应力或压力	+	35,4,15,10	35,33,2,40	9,18,3,40	19,3,27	—	35,39,19,2	—	14,24,10,37	—
12	形状	34,15,10,14	+	33,1,18,4	30,14,10,40	14,26,9,25	—	22,14,19,32	13,15,32	2,6,34,14	—

续表

你想削弱的参数 ＞＞＞ 你想改善的参数	11 应力或压力	12 形状	13 结构的稳定性	14 强度	15 运动物体作用时间	16 静止物体作用时间	17 温度	18 光照度	19 运动物体的能量	20 静止物体的能量
13 结构的稳定性	2,35,40	22,1,18,4	+	17,9,15	13,27,10,35	39,3,35,23	35,1,32	32,3,27,16	13,19	27,4,29,18
14 强度	10,3,18,40	10,30,35,40	13,17,35	+	27,3,26	—	30,10,40	35,19	19,35,10	35
15 运动物体作用时间	19,3,27	14,26,28,25	13,3,35	27,3,10	+	—	19,35,39	2,19,4,35	28,6,35,18	—
16 静止物体作用时间	—	—	39,3,35,23	—	—	+	19,18,36,40	—	—	+
17 温度	35,39,19,2	14,22,19,32	1,35,32	10,30,22,40	19,13,39	19,18,36,40	+	32,30,21,16	19,15,3,17	32,35,1,15
18 光照度	—	32,30	32,3,27	35,19	2,19,6	—	32,35,19	+	32,1,19	—
19 运动物体的能量	23,14,25	12,2,29	19,13,17,24	5,19,9,35	29,35,6,18	—	19,24,3,14	2,15,19	+	—
20 静止物体的能量	—	—	27,4,29,18	35	—	—	—	19,2,35,32	—	+
21 功率	22,10,35	29,14,2,40	35,32,15,31	26,10,28	19,35,10,38	16	2,14,17,25	16,6,19	16,6,19,37	—
22 能量损失	—	—	14,2,39,6	26	—	—	19,38,7	1,13,32,15	—	—
23 物质损失	3,36,37,10	29,35,3,5	2,14,30,40	35,28,31,40	28,27,3,18	27,16,18,38	21,36,39,31	1,6,13	35,18,24,5	28,27,12,31
24 信息损失	—	—	—	—	10	10	—	19	—	—
25 时间损失	37,36,4	4,10,34,17	35,3,22,5	29,3,28,18	20,10,28,18	28,20,10,16	35,29,21,18	1,19,26,17	35,35,19,18	1
26 物质或事物的数量	10,36,14,3	35,14	15,2,17,40	14,35,34,10	3,35,10,40	3,35,31	3,17,39		34,29,16,18	3,35,31

你想改善的参数 ＼ 你想削弱的参数	11 应力或压力	12 形状	13 结构的稳定性	14 强度	15 运动物体作用时间	16 静止物体作用时间	17 温度	18 光照度	19 运动物体的能量	20 静止物体的能量
27 可靠性	10,24,35,19	35,1,16,11	—	11,28	2,35,3,25	34,27,6,40	3,35,10	11,32,13	21,11,27,19	36,23
28 测试精度	6,28,32	6,28,32	32,35,13	28,6,32	28,6,32	10,26,24	6,19,28,24	6,1,32	3,6,32	—
29 制造精度	3,35	32,30,40	30,18	3,27	3,27,40	—	19,26	3,32	32,2	—
30 物体外部有害因素作用的敏感性	22,2,37	22,1,3,35	35,24,30,18	18,35,37,1	22,15,33,28	17,1,40,33	22,33,35,2	1,19,32,13	1,24,6,27	10,2,22,37
31 物体产生的有害因素	2,33,27,18	35,1	35,40,27,39	15,35,22,2	15,22,33,31	21,39,16,22	22,35,2,24	19,24,39,32	2,35,6	19,22,18
32 可制造性	35,19,1,37	1,28,13,27	11,13,1	1,3,10,32	27,1,4	35,16	27,26,18	28,24,27,1	28,26,27,1	1,4
33 可操作性	2,32,12	15,34,29,28	32,35,30	32,40,3,28	29,3,8,25	1,16,25	26,27,13	13,17,1,24	1,13,24	—
34 可维修性	13	1,13,2,4	2,35	11,1,2,9	11,29,28,27	1	4,10	15,1,13	15,1,28,16	—
35 适应性及多用性	35,16	15,37,1,8	35,30,14	35,3,32,6	13,1,35	2,16	27,2,3,35	6,22,26,1	19,35,29,13	—
36 装置的复杂性	19,1,35	29,13,28,15	2,22,17,19	2,13,28	10,4,28,15	—	2,17,13	24,17,13	27,2,29,28	—
37 监控与测试的困难程度	35,36,37,32	27,16,3,1,39	11,22,39,30	27,3,15,28	19,29,39,25	25,34,6,35	3,27,35,16	2,24,26	35,38	19,35,16
38 自动化程度	13,35	15,32,1,13	18,1	25,13	6,9	—	26,2,19	8,32,19	2,32,13	—
39 生产率	10,37,14	14,10,34,40	35,3,22,39	29,28,10,18	35,10,2,18	20,10,16,38	35,21,28,10	26,17,19,1	35,10,38,19	1

续表

你想改善的参数 \ 你想削弱的参数	21 功率	22 能量损失	23 物质损失	24 信息损失	25 时间损失	26 物质或事物的数量	27 可靠性	28 测试精度	29 制造精度	30 物体外部有害因素作用的敏感性
1 运动物体的质量	12,36,18,31	6,2,34,19	5,35,3,31	10,24,35	10,35,20,28	3,26,18,31	1,3,11,27	28,27,35,26	28,35,26,18	22,21,18,27
2 静止物体的质量	15,19,18,22	18,19,28,15	5,8,13,30	10,15,35	10,20,35,26	19,6,18,26	10,28,8,3	18,26,28	10,1,35,17	2,19,22,37
3 运动物体的长度	1,35	7,2,35,39	4,29,23,10	1,24	15,2,29	29,35	10,14,29,40	28,32,4	10,28,29,37	1,15,17,24
4 静止物体的长度	12,8	6,28	10,28,24,35	24,26	30,29,14	—	15,29,28	32,28,3	2,32,10	1,18
5 运动物体的面积	19,10,32,18	15,17,30,26	10,35,2,39	30,26	26,4	29,30,6,13	29,9	26,28,32,3	2,32	22,33,28,1
6 静止物体的面积	17,32	17,7,30	10,14,18,39	30,16	10,35,4,18	2,18,40,4	32,35,40,4	26,28,32,3	2,29,18,36	27,2,39,35
7 运动物体的体积	35,6,13,18	7,15,13,16	36,39,34,10	2,22	2,6,34,10	29,30,7	1,4,1,40,1	25,26,28	25,28,2,16	22,21,27,35
8 静止物体的体积	30,6	—	10,39,35,34	—	35,16,32,18	35,3	2,35,16	—	35,10,25	34,39,19,27
9 速度	19,35,38,2	14,20,19,35	10,13,28,38	13,26	—	10,19,29,38	11,35,27,28	28,32,1,24	10,28,32,25	1,28,35,23
10 力	19,35,18,37	14,15	8,35,40,5	—	10,37,36	14,29,18,36	3,35,13,21	35,10,23,24	28,29,37,36	1,35,40,18
11 应力或压力	10,35,14	2,36,25	10,36,3,37	—	37,36,4	10,14,36	10,13,19,35	6,28,25	3,35	22,2,37
12 形状	4,6,2	14	35,29,3,5	—	14,10,34,17	36,22	10,10,16	28,32,1	32,30,40	22,1,2,35

续表

你想改善的参数 \ 你想削弱的参数	21 功率	22 能量损失	23 物质损失	24 信息损失	25 时间损失	26 物质或事物的数量	27 可靠性	28 测试精度	29 制造精度	30 物体外部有害因素作用的敏感性
13 结构的稳定性	32,35,27,31	14,2,39,6	2,14,30,40	—	35,27	15,32,35	—	13	18	35,24,30,18
14 强度	10,26,35,28	35	3,5,28,31,40	—	29,3,28,10	29,10,27	11,3	3,27,16	3,27	18,35,37,1
15 运动物体作用时间	19,10,35,38	—	28,27,3,18	10	20,10,28,18	3,35,10,40	11,2,13	3	3,27,16,40	22,15,33,28
16 静止物体作用时间	16	—	27,16,18,38	10	28,20,110,16	3,35,31	34,27,6,40	10,26,24	—	17,1,40,33
17 温度	2,14,17,25	21,17,35,38	21,36,29,31	—	35,28,21,18	3,17,30,39	19,35,3,10	32,19,24	24	22,33,35,2
18 光照度	32	13,16,1,6	13,1	1,6	19,1,26,17	1,19	—	11,15,32	3,32	15,19
19 运动物体的能量	6,19,37,18	12,22,15,24	35,24,18,5	—	35,38,19,18	34,23,16,18	19,21,27	3,1,32	—	1,35,6,27
20 静止物体的能量	—	—	28,27,18,31	—	—	3,35,31	10,36,23	—	—	10,2,22,37
21 功率	+	10,35,38	28,27,18,38	10,19	35,20,10,6	4,34,19	19,24,26,31	32,15,2	32,2	19,22,31,2
22 能量损失	3,28	+	35,27,2,37	19,10	10,18,32,7	7,18,25	11,10,35	32	21,22,35,2	21,22,35,2
23 物质损失	28,27,18,38	35,27,2,31	+	—	15,18,35,10	6,3,10,24	10,29,39,35	16,34,31,28	25,10,24,31	33,22,30,40
24 信息损失	10,19	19,10	—	+	24,26,28,32	24,28,35	10,28,23	—	—	22,10,1
25 时间损失	35,20,10,6	10,5,18,32	35,18,10,39	24,26,28,32	+	35,38,18,16	10,30,4	24,34,28,32	24,26,28,18	35,18,34
26 物质或事物的数量	35	7,18,25	6,3,10,24	24,28,35	35,38,18,16	+	18,3,28,40	13,2,28	33,30	35,33,29,31

续表

你想削弱的参数 \ 你想改善的参数	21 功率	22 能量损失	23 物质损失	24 信息损失	25 时间损失	26 物质或事物的数量	27 可靠性	28 测试精度	29 制造精度	30 物体外部有害因素作用的敏感性
27 可靠性	21,11,26,31	10,11,35	10,35,29,39	10,28	10,30,4	21,28,40,3	+	32,3,11,23	11,32,1	27,35,2,40
28 测试精度	3,6,32	26,32,27	10,16,31,28	—	24,34,28,32	2,6,32	5,11,1,23	+	—	28,24,22,26
29 制造精度	32,2	13,32,2	35,31,10,24	—	32,26,28,18	32,30	11,32,1	—	+	26,28,10,36
30 物体外部有害因素作用的敏感性	19,22,31,2	21,22,35,2	33,22,19,40	22,10,2	35,18,34	35,33,29,31	27,24,2,40	28,33,23,26	26,28,10,18	+
31 物体产生的有害因素	2,35,18	21,35,2,22	10,1,34	10,21,29	1,22	3,24,39,1	24,2,40,39	3,33,26	4,17,34,26	—
32 可制造性	27,1,12,24	19,35	15,34,33	32,24,18,16	35,28,34,4	35,23,1,24	—	1,35,12,18	—	24,2
33 可操作性	35,34,2,10	2,19,13	28,32,2,24	4,10,27,22	4,28,10,34	12,35	17,27,8,40	25,13,2,34	1,32,35,23	2,25,28,39
34 可维修性	15,10,32,2	15,1,32,19	2,35,34,27	—	32,1,10,25	2,28,10,25	11,10,1,16	10,2,13	25,10	35,10,2,16
35 适应性及多用性	19,1,29	18,15,1	15,10,2,13	—	35,28	3,35,15	35,13,8,24	35,5,1,10	—	35,11,32,31
36 装置的复杂性	20,19,30,34	10,35,13,2	35,10,28,29	—	6,29	13,3,27,10	13,35,1	2,26,10,34	26,24,32	22,19,29,40
37 监控与测试的困难程度	18,1,16,10	35,3,15,19	1,18,10,24	35,33,27,22	18,28,32,9	3,27,29,18	27,40,28,8	26,24,32,28	—	22,19,29,28
38 自动化程度	28,2,27	23,28	35,10,18,5	35,33	24,28,35,30	35,13	11,27,32	28,26,18,23	28,26,18,23	2,33
39 生产率	35,20,10	28,10,29,35	28,10,35,23	13,15,23	—	35,38	1,35,10,38	1,10,34,28	18,10,32,1	22,35,13,24

你想改善的参数 \ 你想削弱的参数	31 物体产生的有害因素	32 可制造性	33 可操作性	34 可维修性	35 适应性及多用性	36 装置的复杂性	37 监控与测试的困难程度	38 自动化程度	39 生产率
1 运动物体的质量	22,35,313,39	27,28,1,36	35,3,2,24	2,27,28,11	29,5,15,8	26,30,36,34	28,29,26,32	26,35,18,19	25,3,24,37
2 静止物体的质量	35,22,1,39	28,1,9	6,13,1,32	2,27,23,11	19,15,29	1,10,26,39	25,28,17,15	2,26,35	1,28,15,35
3 运动物体的长度	17,15	1,29,17	15,29,35,4	1,28,10	14,15,1,16	1,19,26,24	35,1,26,24	17,24,26,16	14,4,28,29
4 静止物体的长度	—	15,17,27	2,25	3	1,35	1,26	26	—	30,14,7,26
5 运动物体的面积	17,2,18,39	13,1,26,24	15,17,13,16	15,13,10,1	15,30	14,1,13	2,36,26,18	14,30,28,23	10,26,34,2
6 静止物体的面积	22,1,40	40,16	16,4	16	15,16	1,18,36	2,35,30,18	23	10,15,17,7
7 运动物体的体积	17,2,40,1	29,1,40	15,13,30,12	10	15,29	26,1	29,26,4	35,34,16,24	10,6,2,34
8 静止物体的体积	30,18,35,4	35	—	1	—	1,31	2,17,26	—	35,37,10,2
9 速度	2,24,35,21	35,13,8,1	32,28,13,12	34,2,28,27	15,10,26	10,28,4,34	3,34,27,16	10,18	—
10 力	13,3,36,24	15,37,18,1	1,28,3,25	15,1,11	15,17,18,20	26,35,110,18	36,37,10,19	2,35	3,28,35,37
11 应力或压力	2,33,27,18	1,35,16	11	2	35	19,1,35	2,36,37	35,24	10,14,35,37
12 形状	35,1	1,32,17,28	32,15,26	2,13,1	1,15,29	16,29,1,28	15,13,39	15,1,32	17,26,34,10

续表

你想削弱的参数 → 你想改善的参数 ↓	31 物体产生的有害因素	32 可制造性	33 可操作性	34 可维修性	35 适应性及多用性	36 装置的复杂性	37 监控与测试的困难程度	38 自动化程度	39 生产率
13 结构的稳定性	35,40,27,39	35,19	32,35,30	2,35,10,16	35,30,34,2	2,35,22,26	35,22,39,23	1,8,35	23,35,40,3
14 强度	15,35,22,2	11,3,10,32	32,40,25,2	27,11,3	15,3,32	2,13,25,28	27,3,15,40	15	29,35,10,14
15 运动物体作用时间	21,39,16,22	27,1,4	12,27	29,10,27	1,35,13	10,4,29,15	19,29,39,35	6,10	35,17,14,19
16 静止物体作用时间	22	35,10	1	1	2	—	25,34,6,35	1	20,10,16,38
17 温度	22,35,2,24	26,27	26,27	4,10,16	2,18,27	2,17,16	3,27,35,31	26,2,19,16	15,28,35
18 光照度	35,19,32,39	19,35,28,26	28,26,19	15,17,13,16	15,1,19	6,32,13	32,15	2,26,10	2,25,16
19 运动物体的能量	2,35,6	28,26,30	19,35	1,15,17,28	15,17,13,16	2,29,27,28	35,38	32,2	12,28,35
20 静止物体的能量	19,22,18	1,4	—	—	—	—	19,35,16,25	—	1,6
21 功率	2,35,18	26,10,34	26,35,10	35,2,10,34	19,17,34	20,19,30,34	19,35,16	28,2,17	28,35,34
22 能量损失	21,35,2,22	—	35,32,1	2,19	—	7,23	35,3,15,23	2	28,10,29,35
23 物质损失	10,1,34,29	15,34,33	32,28,2,24	2,35,34,27	15,10,2	35,10,28,24	35,18,10,13	35,10,18	28,35,10,23
24 信息损失	10,21,22	32	27,22	—	35,28	6,29	35,33	35	13,23,15
25 时间损失	35,22,18,39	35,28,34,4	4,28,10,34	32,1,10	35,28	6,29	18,28,32,10	24,28,35,30	—
26 物质或事物的数量	3,35,40,39	29,1,35,27	35,29,25,10	2,32,10,25	15,3,29	3,13,27,10	3,27,29,18	8,35	13,29,3,27
27 可靠性	35,2,40,26	—	27,17,40	1,11	13,35,8,24	13,35,1	27,40,28	11,13,27	1,35,29,38

续表

你想改善的参数 \ 你想削弱的参数	31 物体产生的有害因素	32 可制造性	33 可操作性	34 可维修性	35 适应性及多用性	36 装置的复杂性	37 监控与测试的困难程度	38 自动化程度	39 生产率
28 测试精度	3,33,39,10	6,35,25,18	1,13,17,34	1,32,13,11	13,35,2	27,35,10,34	26,24,32,28	28,2,10,34	10,34,28,32
29 制造精度	4,17,34,26	—	1,32,355,23	25,10	—	26,2,18	—	26,28,18,23	10,18,32,39
30 物体外部有害因素作用的敏感性	—	24,35,2	2,25,28,39	35,10,2	35,11,22,31	22,19,29,40	22,19,29,40	33,3,34	22,3,5,13,24
31 物体产生的有害因素	+	—	—	—	—	19,1,31	2,21,27,1	2	22,35,18,39
32 可制造性	—	+	2,5,13,16	35,1,11,9	2,13,15	27,26,1	6,28,11,1	8,28,1	35,1,10,28
33 可操作性	—	2,5,12	+	12,26,1,32	15,34,1,16	32,26,12,17	—	1,34,12,3	15,1,28
34 可维修性	—	1,35,11,10	1,12,26,15	+	7,1,4,16	35,1,13,11	—	34,35,7,13	1,32,10
35 适应性及多用性	—	1,13,31	15,34,1,16	1,16,7,4	+	15,29,37,28	1	27,34,35	35,28,6,37
36 装置的复杂性	19,1	27,26,1,13	27,9,26,24	1,13	29,15,28,37	+	15,10,37,28	15,1,24	12,17,28
37 监控与测试的困难程度	2,21	5,28,11,29	2,5	12,26	1,15	15,24,10	+	34,21	35,18
38 自动化程度	2	1,26,13	1,12,34,3	1,35,13	27,4,1,35	15,24,10	34,27,25	+	5,12,35,26
39 生产率	35,22,18,39	35,28,2,24	1,28,7,10	1,32,10,25	1,35,28,37	12,17,28,24	35,18,27,2	5,12,35,26	+

注：带"+"的方格，表示产生的矛盾是物理矛盾，不在技术矛盾应用范围之内。带"—"的方格表示没有找到合适的发明措施来解决问题，当然只是表示研究的局限，并不代表不能够应用发明原理。

主要参考文献

[1] ALTSHULLER G. Creativity as an exact science[M]. New York：Gordon and Breach，1988.

[2] MANN D. Hands-on systematic innovation[M]. Belgium：CREAX Press，2002.

[3] CLAUSING D，FEY V. Effective innovation，the development of winning technologies[M]. New York：ASME Press，2004.

[4] ALTSHULLER G. The innovation algorithm：TRIZ，syatematic innovation and technical creativity[M]. Translated and edited by LEV S and STEVEN R. Worcester：Technical Innovation Center，Inc.，2007.

[5] KAUFMAN J，WOODHEAD R. Stimulating innovation in products and services[M]. Hoboken：John Wiley & Sons，Inc.，2006.

[6] 根里奇. 创造是精确的科学[M]. 魏相，徐明泽，译. 广州：广东人民出版社，1987.

[7] 根里奇. 创新 40 法：TRIZ 创造性解决技术问题的诀窍[M]. 列夫，英译. 黄玉霖，范怡红，译. 成都：西南交通大学出版社，2015.

[8] 檀润华. TRIZ 及应用——技术创新过程与方法[M]. 北京：机械工业出版社，2010.

[9] 孙永伟，谢尔盖. TRIZ：打开创新之门的金钥匙[M]. 北京：科学出版社，2015.

[10] 赵敏，张武城，王冠殊. TRIZ 进阶及实战[M]. 北京：机械工业出版社，2016.

[11] 曹国忠，檀润华. 功能设计原理及应用[M]. 北京：高等教育出版社，2016.

[12] 创新方法研究会，中国 21 世纪议程管理中心. 创新方法教程[M]. 北京：高等教育出版社，2012.

[13] ABRAMOV O，SAVELLI S. Identifying key problems and conceptual directions：using the analytical tools of modern TRIZ[C]. Proceedings of the 14th International Conference TRIZfest-2018，September 13-15，2018：55-68. Lisbon.

[14] HILTMANN K. The FAST diagram for TRIZ[C]. Proceedings of the 14th International Conference TRIZfest-2018，September 13-15，2018：136-147. Lisbon.

[15] LYUBOMIRSKIY A. Integral S-curve analysis[C]. Proceedings of the 13th International Conference TRIZfest-2017，September 14-16，2017：222-227. Krakow.

[16] SOUCHKOV V. The law of supersystem development[C]. Proceedings of the 13th Interna-

tional Conference TRIZfest-2017,September 14-16,2017:399-406. Krakow.

[17] MAYER O. Trend of increased addressing of human senses——focus on sound [C]. Proceedings of the 12th International Conference TRIZfest-2016, July 28-30, 2016:308-319. Beijing.

[18] FEYGENSON O, FEYGENSON N. Advanced function approach in modern TRIZ[C]. Proceedings of the 11th International Conference TRIZfest-2015, September 10-12, 2015:28-37. Seoul.

[19] ABRAMOV O. TRIZ-based cause and effect chain analysis vs root cause analysis[C]. Proceedings of the 11th International Conference TRIZfest-2015,September 10-12,2015:283-291. Seoul.

[20] BARKAN M. TRIZ-Assumptions-Revision[R/OL]. [2014-1-24]. https://matriz.org/wp-content/uploads/2014/01/TRIZ-Assumptions-Revision [R]. 012714-9SL, AZ. pdf. https://matriz.org/? s=TRIZ-Assumptions-Revision-Eng.

[21] ZLOTIN B,ZUSMAN A, ALTSHULLER G, et al. Tools of classical TRIZ[D]. Farmington Hills:Ideation International Inc., 1999.

[22] BELSKI I. Improve your thinking: substance-field analysis[M]. Melbourne:TRIZ4U,2007.

[23] LITVIN S. New TRIZ-based tool: function-oriented search (FOS)[J/OL]. TRIZ Journal, 2005,August, http://www.triz-journal.com/archives/2005/08/04.pdf.

[24] TATE K,DOMB E. 40 inventive principles with examples[J/OL]. TRIZ Journal,1997,April, http://www.triz-journal.com/archives/1997/07/b/index.html.

[25] 杨清亮.发明是这样诞生的——TRIZ 理论全接触[M]. 北京:机械工业出版社,2006.

[26] EDWARD D.六顶思考帽[M].冯杨,译. 北京:北京科学技术出版社,2003.

[27] 冯忠良,伍新春,姚梅林,等.教育心理学[M].北京:人民教育出版社,2010.

[28] 韩博.TRIZ 理论中小人法应用研究[J].科技创新与品牌,2014(11):91-94.

[29] 钱学森,许国志,王寿云,等. 论系统工程(增订本)[M]. 长沙:湖南科技出版社,1988.

[30] 孙永伟. 国际 TRIZ 协会(MATRIZ)对 TRIZ 理论的修订的解释[R]. http://www. matriz china.cn.